U0030159

Die erstaunliche Wirkung von Magnesium:
Über die Bedeutung von Magnesium und
Probleme bei Magnesiummangel

安娜‧瑪麗亞‧拉尤斯提西亞‧貝爾嘉沙
Ana Maria Lajusticia Bergasa　著

許秀全　譯

鎂日健康

抗發炎與過敏、改善失眠、防血栓、
保護心臟與血管、
調控血壓與血糖、遠離癌症

作者聲明

　　本書中提出的想法、建議和治療方法不能替代專業的醫療或治療。讀者可自行決定是否使用本書中提出的建議。作者、出版商、顧問、總代理、經銷商和所有其他與本書有關的人員，不對本書所提供的訊息直接或間接導致或可能導致的後果承擔任何責任。

致讀者

　　在閱讀時，您可能會發現書中有些地方重複講述相關內容。這樣做的原因是，我故意特別強調在我的工作中所遇到基本上不爲人知或經常出現疑問的主題。如果您是屬於對知識掌握能力很強，只需要讀一次書就可以全盤掌握其內容的人，我請求您的體諒。

　　由於我沒有卓越的文學造詣，加上本書裡談論的主題對很多人來說都是全新的，我想，透過重複的陳述會讓事實令人難忘，可以像老師一般澄清出現的問題。

　　感謝各位讀者的理解。

目次
CONTENTS

鎂與人體
組織的關係

　　依據生物化學及分子生物學最新的研究成果報告，鎂在我們身體裡扮演的角色已越來越明朗。接下來我會一一描述。

🐞 鎂在神經系統上的作用

- 打造神經傳導物質（神經遞質）與調節物質
- 在神經元突觸或連結點電子去極化後，恢復膜電位
- 維持行動的可能

我們心智的平衡與大腦裡有條不紊的化學作用過程極其相關。如果鎂的供應不足，那神經傳導物質就不可能被製造出來，這個傳導物質對於人體擁有絕佳活動機能非常重要。缺鎂是人類無法緩解壓力的諸多肇因之一，會出現不安、心神不寧，和幾乎不間斷的恐懼等症狀；此外還有易怒、無由的害怕與恐懼，例如幽閉恐懼症，或害怕置身於人群或者處於空曠環境中。

缺鎂可能會引起眼睛周圍不斷打顫，帶有眼皮不斷跳動或嘴角抽搐的感覺。這種「抽動」會越來越明顯，而且一再出現。一般人會睡不安穩，作夢機率大增，幾乎每天黎明即醒，醒來時會有墜落感，並伴隨相應的驚嚇感；此外還會感覺走不出困境，或過度緊張。

偶爾也會覺得胸腔受壓迫、喉嚨卡卡的、心律不整、和心臟狂跳，還有緊接著的恐懼感及深沉悲傷感。心電圖檢查的結果，不會是身體組織哪裡有問題，而是所謂的「心臟神經官能症」（nervöse Herzbeschwerden）。

這時候抽搐也會影響動脈血液對肌肉的供應，患者

會經常感到心律不整，類似狹心症（心絞痛）的胸痛。當出現這種看似小問題的病痛，病人會帶著希望去看醫師，期望透過診斷發現病因，但結果卻令他們失望與傷心。醫師的診斷並未發現「身體」有問題，而是「神經」系統可能有狀況。

有時候家人或朋友會對患者說是他們的疑心病作祟，是自己疑心疑鬼、自找麻煩，因而建議患者：「必須要靠自己，因為醫師擺明找不到任何問題！」

在這種情況下，受痙攣症（spasmophilia）所苦的人在日常工作領域或家庭生活中，承受非常大的壓力。患者會因為無法治癒、因為不再喜歡社交、因為不知道何時會再感到不舒服而被其他人排擠。

接著會出現與這個過程緊密相關的進一步徵兆，因為鎂可以讓肌肉放鬆。

🫘 鎂可解除人體肌肉組織緊張狀況

因為缺少鎂，導致腿腳抽筋或脖子、背部及呼吸肌僵化，而再次引發痠痛與僵硬感。此外，也會引起胸腔有心神不寧感，呼吸困難，特別常發生在女性試圖深呼吸時。

如果橫膈膜處痙攣，就會打嗝或不斷打呵欠，要是腸道痙攣，就會引發伴隨著排便不順的結腸過敏，有時候會便秘，大便很硬，像是山羊屎，而且不久後還會拉肚子。

有時候這種痙攣會發生在膽囊，形成膽囊炎；或者發生在聲帶，患者會覺得失去聲音，或如同先前所說的，喉嚨卡卡的；也可能讓視力變模糊，像是看書時文字上下跳動，或眼前建物輕微晃動，這些都是因為肌肉組織抽搐控制了水晶體，法國醫師稱此現象為「視覺模糊」（flou visuel）。

實際上，這種痙攣現象很可能侵襲全身，伴隨而來的是失去意識，就好像是癲癇，但患者不會咬舌或漏

尿。舉例來說，患者可能突然在教堂裡昏倒。

人體缺鎂會產生痙攣症，很可能引起耳鳴、暈眩、手或身體其他部位不停顫抖、走路時常摔跤、脊椎疼痛、白指症（編註），而最常出現的是疲累感。這種疲累感似乎毫無來由，患者早上醒來時，常常依舊感到疲憊，我經常聽到他們說：「我早上起床時，感覺比昨晚上床時更累。」同樣的，儘管生活規律正常，也會突然感到身心疲憊。患者的生活好像脫離常軌，當他們由萬丈深淵重回人間時，通常會感到心跳加速、心臟異常收縮，或閉眼時仍看到光點閃爍。

如同先前所說，鎂的功能對神經系統與肌肉組織非常重要，另外，它也是人體蛋白質生成的關鍵。

編註：因末梢神經與血液循環機能遭破壞，導致手指血管痙攣，指尖發白，甚至手掌整個呈現白色，可能出現痛麻、手僵、顫抖無力的狀況。

🫘 鎂對人體各種蛋白質生成有很大作用

什麼是蛋白質？

就是胺基酸鏈。

哪些是人體組織的蛋白質？

- 以往被稱為「消化酵素」的所有酵素，像是胃蛋白酶、胰蛋白酶、脂肪酶、澱粉酶、乳糖酶、蔗糖酶，和麥芽糖酶，多虧這些酵素，我們才能消化吃下的食物。這些酵素都是用來加速化學反應的分子，每種酵素僅能催化一種特定反應，目前已知的酵素超過一千種。

- 人體內的抗體也是蛋白質，這裡所指的抗體是可以消除引發疾病的病毒及細菌毒素的分子。同樣的，保護我們免受病毒跟細菌侵害的白血球也是。還有紅血球、血小板，以及血液中的許多蛋白質，有些與鈉一起負責動脈血壓正常運轉的工作。

- 還有某些作為神經調節劑的神經傳導物質也是蛋

白質，它們被稱作神經肽（Neuropeptide），因為短鏈蛋白質在化學上稱為肽（通常含有12到60種胺基酸）。

- 人體組織都是蛋白質，像是肌肉組織、血管組織、軟骨組織、肌腱組織，以及骨骼組織的有機成分都是。

現在已經知道許多蛋白質是由胺基酸組成。有趣的是，人們發現人體中最常出現的是膠原蛋白，占所有蛋白質的40%，是結締組織、軟骨組織、肌腱組織，還有撐起身體的骨骼組織的有機部分最主要的成分。

對人體結構與機能有清楚概念非常重要，因為化學變化的過程越順利，對身心靈健康就越有利，這也是人們所期待的。

如果我們記得鎂參與所有蛋白質的生成過程，就能理解身體組織一旦缺鎂，就會出現下列各種狀況：

- 消化不良，出現胃及消化道脹氣。

- 對於感染，像是感冒、膀胱炎、支氣管炎等較沒抵抗力。

- 神經系統功能不健全，總感覺焦慮，處於焦慮狀態，欠缺反應力。

- 此外，在缺鎂的情況下，人體組織可能無法有效的自行修復，像是軟骨組織的耗損、肌腱組織的弱化，還有骨骼有機成分結構不良，後者會導致骨質疏鬆。當骨骼的膠原蛋白生不足時，會削減礦物質成分，因為膠原蛋白會與鈣鹽結合，但最麻煩的是骨骼失去要透過膠原蛋白（烹煮骨頭後會出現的膠狀物）才能獲得的可彎曲性。因此，像是手臂、手腕、大腿等各部位都可能會骨折。

人體組織內，除了神經系統的神經元，細胞的生與死不斷上演，每天有400公克的蛋白質被摧毀。其中一部分同時釋放出來的胺基酸會被重新利用來建構神經系統中的神經傳導物質與神經調節物，更新老舊組織。

以上過程會不斷重複上演，並透過人體多日攝取不含蛋白質食物的試驗得到證實，受試者會藉由尿液排出胺基酸裂解後的終極產物尿素。這告訴我們，為了讓身心靈安適，每天必須攝取各種蛋白質。

　　我們進一步要說的是：這些蛋白質必須經由早餐、午餐與晚餐來取得。原因請看接下來的解釋。如果用放射性原子來標記各種胺基酸，待蛋白質被消化，我們就能認出成功進到血液裡的胺基酸。但如果它們不被人體組織或器官吸收，大約5小時後，肝臟會將它們轉化成尿素，而腎臟會讓它們隨著尿液排出體外。

　　這個事實在1980年代就被確認，人們甚至更早之前就知道，人體無法長久保存各種胺基酸和蛋白質。因此，為了人體的正常運作，三餐必須攝取足夠的蛋白質。就此而言，最重要的是吃早餐，因為夜間睡眠時空腹已久。

　　生物都需要鎂來建構胺基酸連結以進行新陳代謝，這種人體組織化學作用的過程，如果是與人體組織建構有關，稱為合成代謝（Anabolismus），如果與分解有

關，像是尿素生成或高能量食物的燃燒裂解，就稱為分解代謝（Katabolismus）。

　　血液中的鎂離子濃度必須達到每100立方釐米2.4毫克，儘管專業文獻的論述不一，但極限值落在每100立方釐米2.2至2.6毫克，很接近理想值2.4毫克。對我而言，這個濃度很重要，之所以特別提到這點，是因為人體缺鎂會導致腎臟內草酸鈣結石的形成。

● 鎂阻礙在腎臟內形成草酸鈣結石

　　不論是從實驗室或臨床醫學得到的資訊，都證實一定程度的鎂離子濃度會阻礙草酸鹽的沉積。在某些情況下，一般人會透過一定量的鎂鹽來分解體內結石。

　　如果結石呈珊瑚狀，原本沉積物的分叉處可能會折斷，導致腹部絞痛，尤其是腎結石開始溶解時。這些科學研究最早是由柯欽醫院（Cochin-Hospitals）泌尿科的研究人員J・湯瑪斯（J. Thomas）、E・湯瑪斯（E. Thomas）、P・德斯奎茲（P. Desquez）及A・蒙賽瓊

（A. Monsaingeon）開始進行。

1981年在德國巴登巴登（Baden-Baden）召開的第三屆關於鎂的國際學術研討會，及同年《斯堪地那維亞內科學報》（*Acta Medica Scandinavica*）附錄66I，披露了更多研究成果，建議人體每天要攝取300至360毫克鎂離子，該說法也得到許多研究草酸結合導致腎結石的法國醫師之支持。

回溯到20世紀的1970年代，化學家對以上各種論述一無所悉，而不幸的是，在21世紀初始，仍有許多醫師對此毫無認知。我在此衷心想讓大家清楚了解人體內並不難懂的那些化學作用，這對你的精神與身體健康具有一定的好處。

親身經歷：
鎂與我的關節炎

🫛 曾經是個「垂死之人」

　　我31歲時，育有4個孩子，腰部長期有持續的沉重感。每次度假時，都讓我無法忍受。有一次我們正在海邊度假，我無法在海邊久坐，也無法躺在沙灘上，右大腿很痛，我猜腎臟一定出了問題。我去西班牙巴塞隆納找龐斯醫師（Dr. Pons），那時他是當地最好的內科醫師。檢查身體後，他建議我裝上一套骨科的緊身胸衣矯形器來支撐身體。我必須24小時穿戴，不論晚上睡覺或

在海裡游泳，一刻都不可以拆下來。

　　3年後，我懷著第5胎時，尾骨劇痛好幾個月，如果椅子上沒有軟墊，我根本無法坐下。疼痛變得越來越強烈，伴隨著大腿的疼痛，皮膚也出了狀況，還有極度疲累感。最終，還出現心跳過快的問題，早上醒來會抽筋，而且頭痛從未停歇。

　　生下第6個孩子後，疼痛變本加厲，我就是個不折不扣的病人，無法挺直站立，疼痛跟大腿前側的不舒服感從未減輕。我一再出現坐骨神經痛，大腿幾乎天天抽筋，特別是早上。儘管我在床上躺了8至10小時，但起身時，總感到悲劇上演。那種疲累感總是揮之不去，我感覺像是被丟到幽深的洞穴裡，可以聽到四周早起的各種活動生命力，但自己就是無力參與其間。此外，我無法好好睡一覺，儘管躺在床上，但常常心跳過快、感到呼吸困難、胸痛，而且也有心痛的感覺。我當時很確信自己可能隨時心肌梗塞，或擔心出現心絞痛。這樣的生活讓我極度害怕。

　　有一天，我的心臟部位出現持續疼痛，我感覺肯定

是心絞痛前兆，得找城裡的心臟科專家來家裡急救。那時候我們住在鄉下，醫師帶來可攜式心電圖儀，檢測後，他確定我的心臟沒有任何問題。儘管如此，我還是覺得自己如垂死之人，整整4天躺在床上無法動彈，甚至不能說話。

那麼導致這些疼痛的原因是什麼？很久之後，我才確定這是一種慢性病，在一定時間內嚴重缺鎂所造成。

遺憾的是，當時不只我不知道原因，連醫師也不知，所以我只得懷抱著十分渺茫的希望，穿戴著緊身胸衣矯形器，繼續忍受痛苦。在那段時間，我靠著意志力與強大的想像力支撐，協助先生經營農場，偶爾動手幫點忙。

有一次，要替一袋袋小麥秤重，有人將袋子放到秤上，我負責添加或取出穀物。不斷重複相同動作兩、三天後，我的身體惡化到令人擔憂的狀態，頭痛到像要裂開，只要稍微轉動，就會頭暈目眩。多年來存在的症狀，偶爾也會加劇：除了大腿痠痛，肩關節、臀部、膝關節，甚至連腳掌都痛，身體虛弱無力，抑制不住的倦

怠感迎面而來，不論站或躺，都很不舒服。

躺著時，我總不斷變換姿勢，想找出可以讓肩膀、臀部及背部的疼痛較能忍受的位置。我必須不斷來回移動我的坐墊或將坐墊捲起，而且因為肩膀疼痛，還另外在手臂下方加墊一個枕頭，但這一切努力都無法減輕我的痛苦。

早上醒來的情況也十分可怕，因為兩隻手總是麻痺的，所有關節僵硬得讓我幾乎動彈不得。因為手臂與大腿不斷出現血腫瘀青，以至於大家常問我是不是撞到什麼東西。但與此恰恰相反，我行動特別小心，因為不管做什麼事都覺得痛。

🫘 確診「無法治癒」的關節炎

醫師終於確定我的症狀是一般關節炎，他們更進一步斷定我是明顯的腰椎前凸，成因似乎是過去幾次孕期擠壓。他們向我解釋關節炎無法治癒，建議植入一片腿骨支撐腰椎。有4位醫師給了我同樣的建議，斬釘截鐵

的說已經耗損的軟骨毫無復元的可能，而且我的關節炎已到末期，不可能變好。他們用很權威的態度說：「這個世界上，沒人能讓耗損的軟骨再長出來。」

我不想做他們建議的手術，尤其是要在大腿及背部各進行一次。但是當我因為痙攣造成的頸部與頭部僵硬，導致連小幅度的轉動（例如把食材放入鍋內再取出）都做不到時，我決定接受手術。

我向一位很屬害的專家醫師求助，他替我做了幾次X光掃描，卻發現無法進行手術。他說：「因為您的骨骼已經嚴重老化到像87歲老人的骨骼，移植骨沒有增長的可能，所以我無法替您開刀，手術只會給您帶來新麻煩。您患有關節炎、骨質疏鬆（骨骼中缺少鈣鹽），還有摩擦神經時會引起劇痛的脊椎骨刺，這些現象都指向無法復元，而且一步步趨向末期了。」

他給了我治療風溼的藥，還有消炎片（當然含有皮質酮〔Cortison〕）及止痛劑，而且特別叮嚀盡可能少用止痛劑，要等到痛到無法忍受才用。但很諷刺的是，我就是因為劇痛才決定動手術的呀！我的疼痛、暈眩及

整個不舒服的感覺，真的無法忍受。此外，這位醫師還建議我做體操來矯正過度凸出的腰椎，還有做頸部伸展，這兩項有令人舒服的效果。我慢慢感覺疼痛減輕了一些，可以回到以往正常生活的一半程度。那時我是教師，疼痛減輕就可以開始備課、批改學生作業了。

為了看書，我坐在沙發上，面前是一張有理想高度的小桌子，讓我可以寫寫東西。我在沙發上放了很多不同的枕頭，為了保護尾骨，我坐在狹長坐墊上，身後放了一個厚厚的枕頭，而我總是感覺疼痛且無力的兩條手臂，就靠在兩個中型枕頭上。我前面的桌沿上另外放了一個大枕頭，作為書架。另外，我還叫小女兒放一張小板凳在我腳下來抬高膝蓋。就某種程度上來說，這樣讓我可以舒服坐著。

🫘 無意中提高飲食中的鎂含量

除了疼痛，不幸的是我還罹患了糖尿病，是服用皮質類固醇（Corticosteroiden）所導致，我因此決定停止服用所有藥物，然後也改變了飲食習慣。我從醫師對骨

質疏鬆的解釋中，了解到自己嚴重缺鈣。因為不想吞鈣片，我每天吃各種起司，以全麥麵包取代白麵包，午餐或晚餐前食用杏桃乾（甜度低於葡萄乾或無花果乾）和榛果。

我在無意中提高了飲食的含鎂量，身體狀況有了極大改善。那段期間，我也很愛吃巧克力，最常吃的是非常黑、可可含量極高、添加人工甜味劑賽克拉美（Cyclamate）的巧克力，可以整天一顆接一顆吃不停。由於可可鎂含量極高，我就這樣攝取了很多鎂。

這時候，我從鄉下搬到大城市，生活環境也有了改變。在那裡，我努力鑽研營養學，細讀西班牙可以找到的所有營養學相關文獻，其中大部分是外國人寫的。我開始在生產營養食品的公司上班，並報名開放給營養師的課程，此外還自修讀了很多相關書籍。

有一天，女兒帶給我一本小書，主題關於鎂的治療功效。那時我臉上長了許多毛囊炎引起的痘痘，從書中讀到鎂可以讓痘痘消退時，我立即開始吃氯化鎂。我的痘痘真的消失了，而且整個健康狀態也明顯改善，因此

我每天定量服用鎂。

　　我感到身心輕鬆許多，比較積極活躍，而且臉也比較好看了。我能重新獲得活力不僅歸功於鎂，還有帶給我許多樂趣的工作。我的身心狀態在不知不覺中以令人不敢相信的方式變好了，從前只能提一個輕的或空的購物袋，現在可以像其他出門購物的家庭主婦一樣，提整個裝滿的袋子回家。

　　那時我任職於保健食品商，不斷冒險搬運越來越大的箱子。有一天，我正在搬一個蠻重的紙箱，突然一陣劇痛無法站直。那時我心想我的脊椎一定斷了 —— 這是脊椎最後一次讓我感到不舒服。我立即去看醫師。

　　當時我有正職工作，理所當然享有國家醫療保險，因此我找了完全不認識但可以使用健保的醫師。照了X光後，我得知是肌肉拉傷，劇痛僅止於肌肉，脊椎完全沒問題。我問：「我的脊椎沒事嗎？」醫師回覆：「是的，拉尤斯提西亞太太，您的脊椎沒問題。」

🌿 關節炎痊癒，重獲新生

　　我若有所思、垂頭喪氣地回家了，要是誰看到我，一定會以為我受到什麼重大打擊。但事實是我有了一次很棒的體驗，只是還搞不清楚，這太令我驚訝與困惑了，連怎麼跟自己解釋都不知道。我邊走邊想，腦中閃現過往種種。熟人會發現我的改變不是沒有原因：我已經有一段時間不再頭痛、頭暈，疲累感也不見了，我的關節不再疼痛，除了臀部與膝蓋，連手臂和大腿的關節都不痛了，以前梳頭髮很辛苦，要花很大的力氣，現在居然都不是問題。

　　我的關節炎被治好了。

　　是怎麼治好的？為什麼會治好？對照我以前的生活，實際上沒什麼改變，只是每天攝取含鎂的食物，並遵循均衡飲食。

　　我跟同事說了這狀況，不過他們只把重點放在我搬家了以及飲用水來源可能不同。但這其實不對，因為我們都是用每週從鄉下運來的兩大桶水煮菜和泡茶，所以

我的改變不會是飲用水的緣故。

然後還有醫師的說法。一位以前不認識的醫師很明確地跟我說，我只是肌肉拉傷，脊椎完全沒問題，但早先其他醫師的說法是動手術毫無意義，因為我的骨骼幾乎壞死。

但過去幾年，有5位醫師在不同情況下，確診了我的關節炎、骨質疏鬆和脊椎上長骨刺的問題。過去這段時間，他們說我的關節炎已到了無可救藥的程度，現在居然有人跟我說完全相反，我的脊椎是健康的。

因為我的懷疑，這位醫師還找來另一位同事，兩人一再重複跟我說，我的脊椎真的是正常的。這說法雖然完全符合我實際上非常良好的健康狀況，令我喜出望外，但也讓我有些不敢置信，因為曾經有太多人斬釘截鐵地說我的關節炎已經是末期、無法恢復。

我經常在任職的保健食品店找機會和醫師聊天，每當我講述自身經驗，他們都用懷疑的眼神看著我，在那當下，他們只當我是個值得同情的瘋女人。只有一位來

自西班牙赫羅納（Gerona）的醫師面不改色地聽我全部說完，然後對我說：「拉尤斯提西亞太太，我們都受過科學教育，請用科學角度跟我解釋，什麼是您現在比較少感冒且關節炎痊癒的關鍵？我乍看之下沒發現它們互有關聯。」我回說：「如果生物化學界發現鎂在人體扮演的角色，我會立即給您答案。」

　　而我的確看到自身各種病痛之間的關聯處了。保護我們對抗葡萄球菌，或對抗引起喉嚨發炎、一般感冒、流行性感冒的細菌和病毒的抗體和白血球，確定是由蛋白質所形成，而軟骨最主要的成分也是蛋白質，最多的就是來自膠原蛋白。

　　我開始更深入研究生物化學。幸運的是，分子生物學界已經知道所有生物的蛋白質合成原理皆是相同的。我從自己的研究發現，鎂是蛋白質生成的必要基石之一。後續我會解釋清楚蛋白質合成對維護人類健康和人體組織的根本重要性。

現代飲食含鎂量降低的主因

農地土壤普遍缺鎂

在研究過程中，我很肯定現代化飲食的特性是缺鎂的。原因讓我娓娓道來。

許多介紹施肥的書籍中，提到我們的土壤富含鎂。在德國及北美大多數關於營養的文獻中，都主張人類透過均衡飲食所攝取的鎂就能滿足所需。

我想破除這個迷思。

我在此特別強調，並非所有土壤都富含鎂，這與專

業文獻提及的施肥意見相反。我會透過檢視土壤的各種基岩來提供證據。我的主張也幾乎與所有營養書籍的論述相反，我認為西方人對鎂的需求不僅無法透過必要飲食得到滿足，畜牧業用來餵養、施以化肥的放牧地含鎂量也不足。

因為我的主張實際上幾乎與所有施肥專論和西方營養學家的意見相悖，所以必須為此提供以下科學證據：

a) 並非所有土壤都富含鎂。我會透過對地殼岩石的陳述來證實這個論點。許多物質因礦物質分解而進入土壤層，與有機物及土壤中的細菌交互作用所形成的腐殖質，一起滋養植物。

b) 因為使用化學肥料，導致土壤的陽離子含量（金屬元素）失衡，其中所含的鉀與鈣會對鎂產生拮抗作用（編註），即使土壤的含鎂量充足，過度使用化學肥料也會阻礙植物吸收最理想的鎂量，導致含鎂量受限或繼發性缺鎂。

c) 幾百萬年來，土壤礦物質中的鎂都以相同循環週

期被釋放出來。岩石的分解速度主要與溫度和濕度有關，不會因農業政策想要提高農作物產量而受影響。

d）大家都知道鎂是葉綠素的主要組成部分。現在很多人認為，鮮豔的綠色植物必定含有很多鎂，因為有本支持此謬論的化學書提到，植物中的鎂主要用來製造葉綠素。不過現今已經證實，植物只用1%至5%的鎂含量來製造葉綠素。

e）目前農作物的收穫量和規模終究會耗盡土壤中的鎂，導致就算推廣農民經常性施肥，也無法彌補絕對性和原發性缺鎂的情形。

編註：指一種物質的效應被另一種物質阻抑的現象。

地殼的岩石種類

在此先讓我們花一點時間來聊聊地球上的岩石，以利我們後續探討農地土壤與植物含鎂量的關係。

地球是顆球形行星，從南、北兩極向中心壓扁，遠看像顆梨子，這個形狀被稱為大地水準面（Geoid，源自geos這個字，等同地球的意思）。

一般假設，組成地球的化學成分有形成地心的鐵與鎳（因此地心也被稱為鎳鐵地核）〔Nife〕），以及熔岩地函，其主要成分是矽酸鐵與矽酸鎂，以可塑的韌性或偽固態（pseudofest）形式存在。這些岩石的顏色，一般來說是暗色或綠色，而與此吻合的礦物質，就會被稱

作Mafisch或Femisch，依照鎂元素或鐵元素不同的優勢而定。

地球的外殼，或直接稱為地殼，是由岩石所構成的。從化學專業的角度來看，這些岩石是由鉀、鈣與鈉所組成的矽酸鹽層。因為這些金屬會形成無色或白色的鹽，所以在岩石的表面幾乎都呈現比較淺的顏色，例如灰白色或淡紅色，或是因為含鐵化合物的關係，偶爾也會呈現赭色。這些由鹼金屬或鹼土金屬（Alkali- und Erdalkalimetallen）組成的矽酸鋁（Aluminiumsilikaten）地表層，稱為**矽鋁層**（簡稱SIAL，由矽〔Silicium〕與鋁〔Aluminium〕兩個字的前兩個字母組成）。矽鋁層「漂浮」在一個較厚、富含鐵與鎂的地層上，該地層稱為**矽鎂層**（簡稱SIMA）。至於地球較深一點的地層，就不是我們關心的重點了。

在地球表層岩石之下的基座，是可以被塑造的，亦即它們可能會變形。假設地殼現在出現裂縫，那麼透過滑動，或是地球內部氣體的壓力上升時，來自更深層地質的物質就會來到地表，形成火山的熔岩。在熔岩流出

時，因為壓力差所以黏性變低，也就是變成液態了。現在讓我們來了解一下火山熔岩的形成。一般而言，火山熔岩的顏色暗沉，玄武岩區的有時候近乎黑色；偶爾發現的偏紅色黏土，就是先前提過的含鐵礦物質。在少數例外情況下，淺色稱為流紋岩（Rhyolith）的火山熔岩與存在於地殼較外層的矽鋁層（SIAL）之花崗岩，含有類似成分。

我們或許可以這樣想像一下，地球在初始形成的時候，那些比較輕的礦物質，也就是矽鋁層（SIAL）較淺色的矽酸鹽（Silikate），漂浮在構成矽鎂層（SIMA）的較深色且富含鐵與鎂的矽酸鹽之上。在地殼下沉之處，水因為聚集而形成了海洋。那些以氣態存在的元素，像是氮、氧、二氧化碳，以及因為質量最輕而上升到大氣層最高位置的氫，還有稀有氣體（die Edelgase，又稱惰性氣體，包括氦、氖、氬、氪、氙、氡），在地球周圍形成了一個氣態遮蓋層，也就是我們所稱的空氣。因此，地球是被一個稱之為岩石圈或陸界（Lithosphaere，lithos的意思就是岩石）的岩礦層，

和一個水界或稱水圈（Hydrosphaere，hydro就是水的意思），以及一個由氣態元素和化合物形成的大氣層（Atmosphaere）所包圍的。

不過地球內部的活動力仍然保持活躍，而且由於外在與內在力量的影響，地殼不斷地在改變；也有二氧化碳、甲烷、氨以及水蒸氣等氣體引起的氣爆。為此，大氣中發生了具有巨大放電的強烈雷暴，能夠形成所謂的生物分子，也就是生物體不可或缺的組成成分。據此，在地球上形成了我們非常感興趣的一個圈層，那就是以生物為主的生物圈（Biosphaere）。

這一個新的圈層，是由大氣成分、氣體噴發的其他成分、各種化學元素，以及來自海洋的化合物構成的。除此之外，最近在這個領域進行的研究證明，如果鹽濃度與組織中生物體液的鹽濃度一致，那麼人或其他動物的細胞，也就可以在海洋裡保持活力了。

活生生的生物有機體在開始形成的階段，顯然是以非常簡單的樣貌存在的。他們的繁衍靠芽生（Knospung）的方式，很可能之後才形成了各種

細菌以及濾過性病原體，最終才出現原始植物跟動物。這些都發生在太古代（Archaikum）或始生代（Archäozoikum），那些未知名動物的時代。今天我們也只能從岩石上的一些痕跡以及某些外殼的斷片，發現他們零星的足跡。

在地球歷史中，第一次最大的造山運動（Orogenese），或稱作「褶皺」（Faltung）發生了，形成了連綿不斷的山脈。這個最古老的造山運動被稱為「休倫褶皺」（huronische Faltung），正因為它是第一座山，且數百萬年來一直受到侵蝕，受到褶皺影響的矽美層（SIMA）才得以暴露出來。與此條件相符的山脈，顏色是深色或是偏綠的。它的岩石稱為橄欖岩（Peridotit），富含各種各樣的礦物質，主要是矽酸鐵與矽酸鎂，還有輝石（Pyroxenen）以及角閃石（Amphibolen）。這些岩石可以在格陵蘭、北歐眾多國家、一直到亞州的北部被發現。它們的質地特別硬，同時外表又很漂亮，像是雲母橄欖岩（Glimmerperidotite）或純橄欖岩（Dunit），閃耀著綠

色光芒，它的成分幾乎只有橄欖石。在建築業裡，它們經常被利用作為裝飾的材料，這當然是因為它們具有幾乎不受大氣層作用影響的具體特性。

現在讓我們總結一下到目前為止我們所提到有關鎂的論述：

a）在構成矽鎂層（SIMA）的岩石中，含有大量的鎂。它具有可塑性，可變形。在含鎂量較少的矽鋁層（SIAL）中，除了矽跟鋁之外，還含有大量的鈣、鈉以及鉀元素。矽鋁層（SIAL）「漂浮」在矽鎂層（SIMA）上。

b）主要發揮催化作用的礦物質元素和某些氣體物質（如二氧化碳、氨、甲烷與水蒸氣）交互作用，形成了放電，導致最初一些生物的形成。在這些古老生物不斷演變的過程中，因各種基因序列的突變（Mutationen，改變），促成了各式各樣的植物、細菌、濾過性病原體和動物，他們在地球上繁衍生息，共同組成了生物圈。

c）數百萬年前的古生代（始生代）發生了第一次大規模的造山運動，或稱作地殼的褶皺作用。當時形成的各種山脈在長時間的侵蝕作用之下，讓許多礦物質暴露了出來。而這些礦物質中，以鐵與鎂為最大宗。由於它們美麗的外表、堅硬的質地，以及不受大氣層作用影響的特性，使它們在建築業界優先被選為裝飾材料使用。

現在讓我們繼續關注地球的歷史。在古代，也就是古生代，或稱為古生界（Paläozoikum，paleo意思是古代，zoos意思是動物），或是動物生存的史前時代（Urzeit，原始時代），當時海洋中到處充滿著貝殼類生物。這種貝殼的成分，有一大部分是鈣，有些則含有大量的鎂，另有一些則同時含有大量的鈣與鎂。地球開始出現原始植物。當時的氣候很溫暖，而大氣非常潮溼，帶有高濃度的二氧化碳。在被稱為石灰紀（Karbonperiode，石炭紀）的時期，地球上有蕨類植物，以及其他的隱花植物（Kryptogame），這些植物不

具有花朵，植株高度超過20公尺。隨著時間的流逝，其遺骸變成了煤礦床。

在地球的遠古時代，發生了兩次廣泛的造山運動，即所謂的加里東（kaledonisch）造山運動，以及赫爾欽（herzynisch）（或稱為華力西〔variskisch〕）造山運動。在這些造山運動中，一如比較晚才出現的第三紀造山運動（Orogenese des Tertiär，也被稱為阿爾卑斯山褶皺〔alpide Faltung〕），海床被抬升。在阿爾卑斯山褶皺時期，地表形成最大的山脈，令人嘆為觀止，包括喜馬拉雅山脈、安地斯山脈（Anden）、阿特拉斯山脈（Atlasgebirge）、阿爾卑斯山脈、喀爾巴阡山脈（Karpaten）以及在西班牙境內的庇里牛斯山脈（Pyrenäen）、坎塔布連山脈（Kantabrische Gebirge）跟內華達山脈（Sierra Nevada）。

這個最晚形成的褶皺透過清楚顯現的化石明白地告訴我們，今天山脈所在的位置，在其他地質年代其實是海床。比如說，第三紀最具代表性的化石貨幣蟲（Nummuliten）和海膽、海星以及淡菜化石，都可以在

埃羅納（Erona）附近山上發現。這些因為晚近的造山運動而在地表隆起地區所發現的化石種類，僅僅是眾多例子中的一部分。

在第四紀（Quartär），一個距離人類生成更近的地質年代，人類終於出現了。因為跟人有關，所以第四紀又被稱為人類世（人新世，Anthropozoikum）也就很容易理解了。

地殼在時間的洪流中可能會不斷地改變，認清這個事實是很重要的，進而可以了解，為什麼少數零星礦物質的蘊藏，與固定地層帶相連結有關聯。

表1　礦物成分

矽鎂層（SIMA）的礦物	橄欖石（Olivine）	（Mg, Fe）SiO_4	→	橄欖石（Olivin）或貴橄欖石（Peridot）
	輝石類（Pyroxene）	（Mg, Fe）SiO_3	→	輝石（Augit）、透輝石（Diopsid）、鋰輝石（Spodumen）
	閃石（Amphibole）	（Ca, Fe, Mg）Si_8O_{22}（OH）$_2$	→	陽起石（Aktinolith）、石棉（Asbest）、角閃石（Hornblende）
	黑雲母（Biotit）	K（Mg,Fe）$_3$ Si_3O_{10}（OH）$_2$	→	黑雲母（dunkle Glimmer）

矽鋁層 （SIAL） 的礦物	長石 （Feldspate）	正長石 （Orthoklas）	$KAlSi_3O_8$	→	鉀長石 （Kalifeldspat）
		斜長石 （Plagioklase）	$NaAlSi_3O_8$		鈉長石（Albit） 鈣長石 （Oligoklase） 安山岩 （Andesit） 拉長石 （Labradorit） 鈣長石 （Anortit）
			$CaAl_2Si_2O_8$		
			$NaAlSiO_4$		
			$KAlSi_2O_6$		
	似長石 （Feldspatoide）	霞石（Nephelin）			
		白榴石（Leucit）			
	白雲母 （Muskovit）	$KAl_3Si_3O_9$（OH）$_2$			
	石英（Quartz）	SiO_2			

表2 火成岩成分

超基性火成岩 (Ultrabasische Magmatite) 二氧化矽含量少於48%	基性火成岩 (Basische Magmatite) 二氧化矽含量介於45%~52%	中性火成岩 (Neutrale Magmatite) 二氧化矽含量介於52%~56%	酸性火成岩 (Saure Magmatite) 二氧化矽含量大於66%
橄欖岩 (PERIDOTITE) 橄欖石 (Olivin) 輝石類 (Pyroxene) 閃石 (Amphibole)	輝長岩 (GABBRO) 輝綠岩 (DIABAS Dolerit) 玄武岩 (BASALT) 斜長石 (Plagioklase) 輝石 (Augit) 角閃石 (Hornblende) 黑雲母 (Biotit)	閃長岩 (DIORIT) 安山岩 (ANDESIT) 斜長石 (Plagioklase) 雲母 (Glimmer) 輝石 (Augite) 角閃石 (Hornblende)	花岡岩 (GRANIT) 斑岩 (PORPHYRE) 流紋岩 (RHYOLITH) 石英 (Quartz) 長石 (Feldspat) 正長石 (Orthoklase) 斜長石 (Plagioklase) 雲母（黑雲母）(Glimmer [Biotit]) 角閃石 (Hornblende)
純橄欖岩 (DUNIT) 幾乎只含橄欖石 (Olivin)		中等化學成分 二長岩 (MONZONIT) 正長岩 (SYENIT) 粗面岩 (TRACHYT) 長石 (Feldspate)（正長石+斜長岩） 雲母 (Glimmer) 閃石 (Amphibole)（綠色角閃石） 少見的輝石類 (Pyroxene)	

備註：輝石與角閃石雖然富含鎂，但它們是風化速度超緩的礦物。

● 依岩石的生成時間進行分類

根據岩石生成的時間，可劃分為火成岩、沉積岩及變質岩。

火成岩

火成岩是地球內部的岩漿透過冷卻而形成的。因為冷卻的過程十分緩慢，所以一般來說它的結構是粗顆粒的，而且含有結晶體。在這過程中，內部的礦物質分子有時間排列成幾何圖案，形成結晶形式。這些岩石被稱為深成岩，其中最具代表性的就屬花崗岩，它的組成成分是石英、長石以及雲母。

不過火成岩漿也可能在地球表面冷卻，就像火山熔岩一樣。只是這種岩石的結構是細顆粒或玻璃狀的，因為快速冷卻阻礙了結晶體的形成。這些所謂的噴發岩或噴出岩因為含有高量的鐵與鎂，顏色通常比較深，最標準的例子就是玄武岩。

基本上，我們在這裡並不關心岩石本身是否經由緩慢的冷卻導致有結晶體或粗顆粒的結構，或者因為經由

快速的凝固導致有玻璃狀或細顆粒的結構出現。我們研究這些火成岩，更在乎的是它們的礦物質成分以及其化學性質。因為最終結果是要知道這些礦石是否產生比較多或比較少的鎂。（請參考第44至46頁的表1和2）

岩石有可能是許多不同種類礦物質組成的混合體，比如花崗岩；或是僅單獨由一種礦物質造就的向四方延伸而成的單一礦層，比如石灰岩。

火成岩往往是由許多不同的礦物群形成的，由氧化矽跟氧化鋁組合在一起，它們通常與鐵、鎂、鈣、鈉或鉀等金屬氧化物形成矽酸鹽或鋁矽酸鹽。如果它的組成成分以二氧化矽或矽酸酐（Siliciumanhydrid）占大部分，那麼它們其中一些就不會與金屬氧化物結合，因而這些岩石會含有許多石英（二氧化矽），最具代表性的例子就是花崗岩，它的顏色是淺的，它就是矽鋁層（SIAL）的組成要素。與此相反地，如果岩石中矽的成分在45%以下，那麼岩石的成分就會富含氧化鐵和氧化鎂，這類岩石基本上幾乎都是深色的，它們是矽鎂層（SIMA）的組成要素。

橄欖岩（Peridotite）和橄欖石（Dunite）都屬於這類岩石。兩者都含有大量的鎂，但是因為它們都埋在地殼較深處，地表上只有少數的地方能找到它們，也因此，在我們的土壤裡很罕見。它們出現在北歐斯堪地那維亞以及北美洲地區，是地球最早造山運動，亦即前面曾經提到的休倫褶皺時形成的。

　　所謂的基性岩（basisch）同樣是深色的，含有豐富的鐵與鎂。如果冷卻在地球表面迅速發生，則為玄武岩；如果同一岩石在地殼內緩慢冷卻並因此形成粗粒，則為輝長岩（Gabbro）。輝長石很少在地球表面見到，而玄武岩只能在火山活動的周圍地區發現，不論在距今久遠的地質年代還是現代皆是如此。

　　現在讓我們來談一下各種中性的岩石。在深成岩方面，主要是正長岩（Syenite）和閃長岩（Diorit）。在火成岩方面，則是粗面岩（Trachyt）和安山岩（Andesit）。如果我們從礦物質含量的觀點來看，會發現這些礦石不具有石英顆粒，換句話說，它們不含游離矽，它們的主要成分是長石（Feldspate）、

雲母（Glimmer）、輝石（Augit）以及角閃石（Hornblende）。

輝石與角閃石裡含有鎂，但這種輝石類（Pyroxene）跟閃石類（Amphibole）非常穩定，很難受到大氣層變動的影響，因此它們只會以緩慢的速度釋放能夠為植物所利用的鎂，而且數量也不多。相對地，雲母具有層狀結構，很容易受到空氣中水氣與二氧化碳的影響，所以雲母中的鎂，相對地要比輝石和角閃石中的更容易被釋放出來。因此我們得出一個結論，在大氣中溼氣和熱氣的交互作用下，雲母釋放出來的鎂，是大自然中植物鎂含量最主要的來源。

接著來談一下酸性岩石（saure Gesteine）。它們的矽含量（二氧化矽）超過66%，以結晶體的顆粒成型，也就是我們常見的石英。這種由地殼比較上層形成、而且外表顏色比較淺的、典型的矽鋁質岩石（sialische Gesteine），就是由石英、長石和雲母所組成的。

現在我們已經知道，石英不含鎂，也不會受到大氣的影響。長石就是含鉀鈉與鈣的鋁矽酸鹽。與此相反

的，深色的雲母，例如我們熟知的黑雲母（Biotite），就會有我們要找的礦物質元素。它們富含鎂，而且這些鎂經過溼氣與空氣中二氧化碳的交互作用，會被釋放出來。而相對地，淺色的雲母不含鎂，當然它的土壤中也找不到鎂。

沉積岩

風的力量、水運載沙礫與石塊的力量、化學物的沉澱，還有各種古代生物死後堆積下來的外殼及外皮，這一切形成了各式各樣的堆積物，凝固成所謂的沉積岩。在壓力下，透過某些物質的交互作用，讓沉積岩堅固得像水泥一般。

我們可以根據沉積物的種類，來分辨不同的岩石。有些岩石是由更早岩石的殘餘部分，透過自然力學的力量形成的。有些岩石是物理化學的堆積物，透過化學的沉澱，或是鹽水的蒸發而形成的。有些則來自有機生物體，是透過動物外殼或骨骼的堆積，或是植物的岩石化（例如煤）而形成的。

最常見的沉積岩，要屬由矽組成的砂岩、由長石崩解而形成的泥岩，還有歸因於化學沉澱或生物遺留的外殼或骨骼堆積而形成的石灰岩。此外還有泥灰岩（Kalktonsteine），德文有另一個名字是Mergel。

因為我們特別關心各種岩石裡的鎂含量，所以必須找出含鎂的沉積岩，包括海洋生物外殼所形成及造山運動中被推高的沉積物。由碳酸鎂組成的菱鎂礦、由碳酸鈣和碳酸鎂組成的白雲石晶石（Dolomitspat），以及由粘土和白雲石組成的白雲石泥灰岩（Dolomitmergel），鎂含量都很高。

這種具有白雲石的地層有個特質，就是它可以毫無困難地隨時提供植物必要的鎂。在土壤中的腐植酸、空氣中的二氧化碳和植物的根呼吸三者的相互作用中，很多礦物質就這樣輕易地被溶解出來了。含有白雲石跟白雲石泥灰岩的地層，也因此順理成章地成為植物理想的鎂的供應者。

變質岩

　　變質岩是古老岩石受高壓與高溫影響變質而成。「接觸變質作用」（Kontaktmetamorphose）讓岩石因為溫度及周圍灼熱流體（Glutflusskoerper）產生的某些氣體而改變；而通常影響大面積的「區域變質作用」（Regionalmetamorphose），則還多了全面的壓力作用，導致岩石變質。變質岩中的礦物質是一層一層帶狀重疊的，看起來像被輾過或擠壓過，而事實上成形過程也的確如此。

　　屬於變質岩的岩石有：片麻岩，其礦物質成分與花崗岩相符合；石英岩，其主要成分是石英顆粒，因而質地是硬的，存在於古老的各種岩石中；大理石，是變質的石灰岩或白雲岩；最後是頁岩，從它的板狀結構很容易被辨別出來。大理石、頁岩與所有這些種類的岩石，都存在於非常古老的岩層當中。

● 含鎂量高的地層

從所有我們得知的資訊當中，可以做出以下結論：那些以白雲岩（Dolomit）、白雲晶石（Dolomitspat）或是白雲石泥灰岩（Dolomitmergel）為母岩的土壤，有極高的鎂含量。還有像是正長岩（Syenit）與閃長岩（Diorit）的土壤，也含有豐富的鎂。相同地，如果以花崗岩為基岩的土壤，含有大量來自黑雲母（Biotite）的深色雲母，也可以發現許多鎂。

一如我們先前提過的，土壤中鎂的釋放乃是基於一個不易受影響的節奏，這主要是由大氣的物理和化學影響決定的。而我們透過大量使用化學肥料，讓土壤的生產力顯著地提升，使得農作物的收成量，比40年前提高了3至5倍。然而如此一來，我們從土壤中所取得的鎂，要比岩石自然風化所釋放出來的還要多得多，即使原來的母岩中含有很高的鎂含量。

這樣的發展使得土壤中的鎂變得非常稀少，農作物的含鎂量當然也越來越少。但現在來看看農田灌溉區的收成，就像先前提到的，通常可達5倍之多，那麼根本

不用想就知道這些地區鎂的流失量更大，而且土地更加貧瘠。還有一個事實是，雖然土壤含水量較高會讓礦物質風化速度稍微加快，但這裡幾乎沒有變化。

就像前面章節裡面描述的，土壤中各種礦物質的平衡，因為人工化肥的投入而被破壞了。在農業中最常見到的肥料成分是氮、磷、鉀化合物，鈣也會與過磷酸鹽（Superphosphaten）混合在一起，用化學的角度來說，不外乎就是磷酸鈣與硫酸鈣。當我們不選用過磷酸鹽作為磷肥的來源，而是用成分中超過45%氧化鈣的鹼性轉爐爐渣粉（Thomasmehl）時，我們在土壤中添加了極大量的鈣，儘管鈣是施肥時極其必要的元素，但是鈣與鎂正確的成分比例，更必須被高度關注。

這個鈣過量的問題，可能會變得越來越嚴重。儘管這個元素對於植物的生長很重要，但是若鈣的施用量太大，即使土壤中含有足夠的鎂含量，還是會妨害植物對鎂的吸收。

鉀因為可以很輕易地被植物吸收，以至於有過度消耗（Luxuskonsum）的情形，因為到處都是鉀的蹤跡，

所以鎂甚至到了完全不被吸收的地步。基於這個理由，在為土地施肥時，一向不建議投入大量有鉀成分的肥料，特別是當土壤中有機質很少時，一定要避免。

但是我們今天農作物中鎂含量減退的這個事實，卻被下面的情況給掩蓋了。綠色植物之所以呈現綠色，是因為含有葉綠素這種色素。它的分子裡有一個鎂原子，類似於紅色的血色素（或稱為血紅蛋白〔Haemoglobin〕）組成成分中有一個鐵原子，這個事實眾所周知。一般人時常讀到有關鎂在所有植物生態中對葉綠素的形成以及磷酸運輸時的基本角色，這種說法雖然正確，但是它只反映了部分的事實。

鎂和磷結合成為富含能量的分子。它們是複合體，參與了所有有機物質的合成作用，也因此在醣類、脂肪以及蛋白質的形成中，具有一定的助益。除此之外，作為離子，也就是以礦物鹽形式存在的鎂，是在蛋白質合成時的一個重要因子，它會防止在合成過程中必須連接在一起的兩個亞基（次級單位〔Unterheiten〕）或核糖體部分（Ribosomenteile）再次分離。

在比較晚近的時代，人們才發現，鎂在生物合成（Biosynthese，透過活的生物體結合而形成）的過程中所肩負的任務。這也是我要特別強調的一點，因為有許多科學家和醫師，仍然在散布一種錯誤的觀點，他們認定植株中含有最多鎂的部位存在於綠色的葉綠素裡面。我聽過一些著名的營養學家的說法，也在北美出版的一些醫學書籍中讀到，「我們每天必需要的鎂，可以輕易地由所攝取的綠色的蔬菜或生菜中獲得」。

不僅那些非營養學領域的專家存在這些錯誤認知，連一些醫師與營養學家也這麼認為。

因此必須澄清以下這些觀點：

a) 植物生產葉綠素僅需其所有鎂含量的1%到5%。

b) 儘管植物有非常美麗的翠綠顏色，但是它還是可能有鎂含量不足的問題。

c) 與一般普羅大眾認知的剛好相反，富含鎂的並不是綠色食材，而是水果和種子，甚至是穀類種子的外殼。因此我們可以理解，全麥麵包要比白麵

包含有比較多的鎂，如果說100公克全麥麵包含有80毫克的鎂，那100公克白麵包大概僅含有25毫克的鎂。

下頁是一張簡單的對照表，你可以看看這些蔬菜、水果和種子，它們每100公克含有多少毫克的鎂。

食物	每100公克食物的鎂含量(毫克)
苦苣沙拉	12
高麗菜*	7.3
生菜	10.5
菠菜*	59.2
朝鮮薊*	27.2
四季豆*	10.1
鷹嘴豆*	36.2
椰棗乾	58
大豆粉	235
麥片	124
杏仁豆	252
可可粉	420
核桃	185
花生	160
榛果	99
全麥麵包	80
白麵包	25

* 煮熟的

透過我之前的各種說明，以及上述一些我篩選過的資訊，可以證明下列觀點：

a）很多透過投入大量化學肥料而達到巨大收成的農田，鎂的流失越來越多。

b）某些初期缺乏鎂的土地，會因為透過大量鈣肥跟鉀肥，導致更嚴重的二度缺乏。

c）與某些醫學專家的說法相反，我們食物中鎂主要的來源，不是綠色的植物部分，而是果實跟種子。

d）儘管很多植物顯現出亮麗的翠綠色，但鎂還是可能嚴重不足。這種不足的現象有很多情況可以佐證，譬如果實還未成熟就先掉落就是一例。

現代飲食鎂含量降低的其他原因

🥜 精緻飲食

　　造成現代飲食中鎂含量下降的進一步原因，乃是在於幾十年來，西方世界的麵包店、蛋糕店以及麵食工業，主要採用的是精白麵粉。採用精白麵粉有各種不同的理由，比如說，經年累月穀物生產過剩、消費者偏愛精白麵粉作成的產品，還有製粉工業的利益等諸多原因。但是就像我們剛剛說的，相較於用精白麵粉所做出來的白麵包，全麥麵包鎂的含量明顯地要高出3倍多。

🫘 使用精鹽

　　另外一個因素是食鹽。海鹽含有大約0.5%到1%的鎂鹽，它們的吸水力超強，會不斷地把周遭的溼氣吸附下來。從裝海鹽的各種袋子往往很快變得潮溼，就能證明這一點。它們被放置的地方，都會留下鹽的殘留痕跡。基於這個理由，二三十年來，我們食用的鹽就不再是鎂鹽了。我們現在常用的食鹽，都是乾燥、顆粒細、容易儲放、方便使用的。這些表面上的各種優點，恰恰變成了缺點：食用精鹽讓我們喪失了獲得鎂的機會。

鎂的均衡在上個世紀受到人類的干擾

　　在學會農田耕作與牛羊放牧之前，人類靠採食野生果實或獵食野生動物為生。在人類的發展過程中，人們慢慢學會用土地耕作跟圈養家畜，這種生活方式歷經了很長一段時間，幾乎沒有什麼改變。單一耕作與大規模牛羊放牧是最近才出現的現象。大約一直到上世紀中葉，人類一方面利用土地耕作，同時又在土地上圈養各種牛、豬、雞等現象，變得再平常不過。土地養育了人類，同樣也養育了動物，而所有動植物的殘留物，最終都會回歸到土地裡變成肥料。

接下來，城市形成了。快速增長的城市人口，當然也必須由農產品來餵飽，只要運輸條件不成問題，人們就會開始利用一些像是鳥糞（Guano）的東西來為土地施肥。這種由海鳥的排泄物和動物屍體沉積物形成的鳥糞，含有豐富的氮、磷、鉀、鈣以及鎂。它們主要來自靠近智利與秘魯外海的島嶼上，那裡是許許多多海鳥生存之處。牠們的殘餘物提供了一種質量極佳、數量又多的天然肥料。雖然最早也只是借重於它們含有的磷成分，但實際上，它們也提供植物許多生長必須的其他物質，像是氮、鉀與鎂。

當第一次世界大戰德軍的海上補給路線被切斷時，德國人哈拔（Haber）先發明了一套理論，然後由薄許（Bosch）具體實現了一套氨合成（Ammoniaksynthese）系統，開始進入大量工業生產。不過要完成這個過程，需要有個先決條件，就是必須借助空氣中的氮氣，以及經由電解水得出的氫氣才得以完成。自此人類獲得了最早出現的人工肥料，而這個主要以硫酸氨形式存在的氨，在接下來的世紀裡，非常廣泛

用來當作氮肥使用。

　　雖然農作物的收成量因此增加了不少，但這些收成量主要還是只表現在作為飼料的農作物方面。但是這些化學肥料，不論是硫酸氨、氨，還是尿素，對土壤也僅僅是提供了氮氣，最多也只多一種透過硫酸鹽形式的硫磺，沒有其他的了。這樣一來，土壤中各種礦物質的均衡現象就瓦解了。利用這種施肥方式，農地雖然重新取回了先前因為大面積單一耕作而失去的礦物質，但是更多其他可以為植物生長提供理想吸收量，同時讓人類或動物維持活潑健康的礦物質元素卻不見了。

　　除了氮肥，其他像是磷肥跟鉀肥，在現今農地施肥實作上也很常見。雖然大家都知道，每年每公頃的農作物收成可以從土壤中提取20到30公斤的鎂，但是儘管如此，人類給土壤加入鎂化合物來改善狀況的作法，基本上是少之又少的。舉個例子來說，當植物葉子外觀已經很明顯地說明了其缺乏鎂的事實時，人們對它卻視而不見。有時鎂的化合物會加在給扁桃（杏仁）的肥料中，或有時只是使用白雲石（Dolomite）來做做樣子而已。

在許多討論農田耕作的書籍中，鎂的重要性已被大家認定了，然而土壤中的鎂正在大面積的流失也是不容爭辯的。但是我先前已經引述的這些意見仍在廣泛流傳：「所有的土壤都含有足夠的鎂，若有不足，可以經由動物的殘留物作為肥料而獲得補足。」

現實狀況看起來卻不是這麼一回事。人類破壞了「土壤—植物—人／動物—土壤」的自然循環， 也正因為這樣的破壞，使得人類在這個循環中完全不重要了，不再扮演任何角色。因為城市的廢水透過下水道和河道直接流到海洋裡，圈肥能帶給農作物需要的鎂也是極其有限，我們從飼料植物的收成發現，鎂含量不足是早已經存在的。

大自然循環的中斷，以致於土壤中礦物質含量的失衡，要對人類和動物無法得到足夠的鎂這件事負很大的責任。在本書前面章節描述過的因素，像是海鹽的純化、對精白麵粉消費量的提升，以及飲食方面越來越講究精緻，這些都意味著即使是理論上均衡的飲食，鎂含量也都太低。與每天攝取600毫克到800毫克鎂的理想值

相比，它提供的量不超過200到300毫克。

　　還有一種在某些醫師群裡面流傳的錯誤說法指出，一個人每公斤的體重只需要3到5毫克的鎂。現今透過相關的專業文獻，已經證明人每天每公斤體重需要7到10毫克的鎂。孕婦以及親自以母乳哺餵小孩的婦女，需要15毫克。小孩子和發育中青少年的需求量，甚至要提高至20到30毫克之間。

鎂在生物體內扮演的角色

鎂在生物的代謝作用裡扮演何種角色？

它參與了所有生物的合成，因為它與所謂的高能磷酸酯分子（Phosphatmolekül）形成了複合體。這些分子能夠透過磷酸鹽和焦磷酸鹽化合物（Phosphat-und Pyrophosphat-Verbindungen）的水解而釋放出能量。此外它在透過細胞膜主動運輸（aktiver Transport durch Zellmembranen）的過程中發揮作用，能恢復電刺激細胞（如神經元和肌纖維）的電位。而且就如先前已經解釋過的，它也在神經末梢動作電位（Aktionspotenzial）的維護上起作用。經過以上簡短的說明，對於人體組織需

要足夠鎂供應的重大意義，就不言而喻了。

現在我們已經知道，蛋白質合成是如何在生物體內進行的。信使核糖核酸（Messenger-Ribonucleinsaere，德文簡稱m-RNS，英文簡稱mRNA）的形成，胺基酸與轉運核糖核酸（transfer-RNS，德文簡稱t-RNS，英文簡稱tRNA）的連結，還有在蛋白質鏈形成早期與保持延續這些方面，鎂都是不可或缺的。此外，它以氯化物，也就是離子的形式存在，在細胞的細胞質內保持相對較高的濃度是必要的，否則形成核糖體核糖核酸（Ribosomen-RNS，英文簡稱rRNA）的兩個核糖體亞基無法在蛋白質合成過程中累積。根據細胞質微子（Korpuskeln des Zellzytoplasmas）領域的專家野村教授（Prof. Nomura）的報告，濃度必須維持在10毫莫耳或是0.1莫耳，這樣才不會讓兩個亞基再度衰變。

接下來我們將就蛋白質合成對於所有生物的特別意義，做一個詳細的陳述。

蛋白質合成需要
鎂、酵素與維生素C

含有我們人類基因密碼的脫氧核糖核酸（Desoxyribonucleinsaere，德文簡稱DNS，英文簡稱DNA）透過酵素的作用，形成信使核糖核酸（m-RNS）的轉錄。脫氧核糖核酸螺旋（DNS-Spirale）會以每分鐘10,000轉的速度解開，形成含有與脫氧核糖核酸（DNS）互補的嘌呤鹼與嘧啶鹼（Purin-und Pyrimidin-Basen）的核糖核酸（RNS），但只含尿嘧啶（Uracle）而不是胸線嘧啶（Thymin）。這種核糖核酸鏈（RNS-Strang）含有某種訊息，可以了解哪些胺基酸是以何種

先後順序結合然後形成蛋白質的。而這種鏈的形成過程絕對不能沒有鎂的參與。我們可以簡單地說，DNS在鎂的參與下形成了信使核糖核酸。

$$\text{脫氧核糖核酸（DNS）} \xrightarrow{\text{鎂離子（Mg++）}} \text{核糖核酸（RNS）}$$

m-RNS穿透細胞的細胞質，在那裡與核糖體的一小部分連結在一起，而其他大部分的核糖體，會透過接續下來的積累作用，形成信使核糖核酸─核糖體的複合體。透過上面介紹過的核糖體研究專家，野村教授（Prof. Nomura），我們現在已知，這種核糖體的複合體只有在氯化鎂濃度相對高的情況，也就是10毫莫耳，才會保持穩定。

生物體內多肽鏈形成的四個主要階段，現在也廣為人知了。因此我們很清楚，鎂在蛋白質合成的前三個階段所扮演的角色是完全不可或缺的。所以我們可以將前面列舉過的圖示往前擴充如下：

脱氧核糖核酸 (DNS) $\xrightarrow{\text{鎂離子 (Mg++)}}$ 核糖核酸 (RNS) $\xrightarrow{\text{鎂離子 (Mg++)}}$ 蛋白質 (Proteine)

　　另一方面，許多遺傳學家發現，我們的DNS裡的基因有多到令人無法置信的拷貝數（可以多到100,000個單位）。這些專家相信，伴隨著最多複製品的基因，含有為製造膠原蛋白所儲存的訊息。單單這個膠原蛋白就占有我們身體內超過三分之一蛋白質的量。所以我們擁有允許同時形成許多膠原分子的相同基因這件事，也就無需太過驚訝了。

　　更進一步地，有學者猜測高等生物（當然包括人類）的基因密碼，很大一部分含有形成各種抗體的資訊，因為抗體也是蛋白質。為了對抗傳染病，也就是人類與動物面臨生死存亡關鍵時，人們會開始思考抗體具有的意義，也就成為理所當然的一件事了。

　　在我研究生物化學的過程中意識到以上這些事實時，我明白了攝入鎂之後，與臉上痘痘消失、生病頻率

降低以及關節炎痊癒，這之間是有關聯的。

　　但是要避免關節炎帶來的困擾或是其他疾病的侵擾，只靠鎂是不夠的。因為蛋白質的生成，是以下列的各種物質為先決條件的：酵素、胺基酸（來自我們食物中的蛋白質）、鎂、膠原蛋白以及維生素C。

　　但是為什麼在吃了鎂之後，我的許多毛病就此消失了呢？因為我過去的飲食十分均衡，而且也很注意攝取蛋白質。但我的飲食裡就是沒有鎂。有很多人或多或少都缺少鎂，但只有在特殊的狀況下，人們因為缺少鎂而產生的危急情況才會發生，比如說，婦女在懷孕或哺乳期間，或是生病狀況嚴重、小孩成長期間、更年期，或是遭遇困難導致壓力增強時。對於蛋白質的合成，我的飲食中除了鎂之外，其他的都不缺。因為我的飲食一向十分均衡，每天都是從一頓豐富的早餐開始，裡面為我提供了蛋白質、維生素還有多種微量元素。

　　在我做營養諮商工作時，經常發現一般人也會發生胺基酸缺乏症，譬如那些挑食的人，或特別是吃素的人。與一些患有關節炎的病人對話中，經常發現他們的

飲食中極度缺蛋白質，或者只有一餐有足夠的蛋白質，而其他餐沒有。例如早餐的蛋白質營養很夠，但是晚餐剛好相反，一點蛋白質都沒有。在西班牙鮮少有人發生維生素C缺乏症，因為每個人在日常飲食中，幾乎都會吃水果、喝果汁、吃生的蔬菜或是沙拉。

但關節炎患者也不應就此毫無節制地攝取大量蛋白質，凡事適可而止，只有均衡飲食才會帶來健康。如果人體吸收太多蛋白質，肝臟會將人體不需要的胺基酸轉化為不再含氮、改由醣類和脂肪代謝的物質。原來的氮會形成尿素進到血液裡，然後經由腎臟過濾跟著小便排出體外。

過量的蛋白質會給肝臟帶來負擔，提高血液中尿素的含量並迫使腎臟過濾更多的尿素。除此之外，還有其他要注意的事項。所有生物細胞，不論是動物還是植物，都含有由嘌呤和嘧啶鹼基等組成的核酸。如果腎臟超過負荷，那麼嘌呤鹼就會被轉化，最主要是變成尿酸。與尿素相反，尿酸很難溶於水中，也不會溶於血液，它們大都堆積在肌肉與關節裡，造成眾所周知的

「痛風」。

關節炎可能是因為缺乏鎂所造成的，但體內過多的蛋白質會讓病痛加劇。因為除了軟骨磨損和神經緊張引起的症狀外，還會出現疼痛，原因就是尿酸晶體與尿酸鹽在關節與肌肉裡面的積累所導致。

另一方面，缺少蛋白質的飲食，會讓生物體在製造膠原時，明顯地缺少鎂與胺基酸這兩種必要元素。我時常遇到這些情況。許多患有關節炎的病人，從醫生那裡得到的資訊往往是，他們的是病治不好的，情況只會越來越糟，無法逆轉。因為在某些醫生的認知裡，受傷的軟骨是不可能再生的。這些病人只好轉而求助於一些所謂的「江湖郎中」，這些庸醫告訴病人們，他們的病痛是因為過高的尿酸值所導致的，於是建議他們多吃蔬菜。這種不均衡的飲食方式，使得病人們的身體狀況變得越來越糟糕。

但是一個好的、搭配合宜的素食飲食，優先考慮富含鎂的果仁跟果實，像是杏仁、榛果、椰棗、無花果與杏桃乾等，是可以帶來改善的。同樣地，含有豐富鎂的

大豆食品、全麥穀物以及海鹽，也都是值得推薦的。在我從事這一行的過程中，我很確信，多元化的飲食，吃魚、吃肉以及由肉骨熬煮出來的膠質，那麼能預期很快就能解除病痛。

人體內鎂的
含量與分布

　　一個成年人體內有（或者說至少應該有）21到24公
克的鎂，其中有高達99%存在於細胞內部。鎂與鉀形成
細胞內的陽離子，而鈣與鈉主要存在於細胞周圍的液體
和血液中。

　　最大量的鎂，大約70%，會落在骨骼組織，主要在
骨膜（Knochenhaut）上，這些骨膜以薄膜的形式包覆在
骨骼上面。大約29%出現在軟組織（如肌肉、神經、內
臟），1%存在於血漿、腦脊髓液以及胃液裡面。

　　我們每天需要鎂的量，介於600到900毫克之間。人

體透過小腸吸收鎂，不過大概只吸收了三分之一的量，真的是不多，然後會經由尿液、糞便與汗水排出體外。

除了不被吸收的三分之二的鎂，糞便裡還包含了來自消化液介於25到50毫克之間的量。而75到100毫克的鎂，會在一天24小時排尿時被排出體外。在缺乏鎂的人身上，數值明顯更低，但是絕對不能低於12毫克。

在溫帶地區，經由流汗而流失的鎂量，整體而言是微不足道的，但是就怕在發高燒、長時間勞動等特殊情況下，缺乏鎂帶來的後果就會變得很嚴重。

鎂的生理作用

　　鎂在生物體內的生物化學反應上扮演了重要的角色，某些已經在本書前面章節提過了。但是因為很重要，所以我們會在這一個章節，更進一步地陳述。在某些新陳代謝過程中，我們不能沒有鎂，例如在醣類、脂肪與蛋白質的合成中，鎂參與了酸鹼平衡、氧化還原以及水電解平衡。

　　因為鎂在合成蛋白質方面扮演的角色十分凸出，它在生物體內的免疫反應上面，具有非比尋常的意義，在這方面吞噬細胞會被喚醒，同樣地在形成抗體、軟骨再造，以及蛋白質的合成、產生關節滑液

（Gelenksfluessigkeit）的黏性上面，鎂的意義重大。

上面最後兩點通常會被忽略，一個是膠原蛋白的產生，防止了軟骨組織的磨損，另一個是滑液蛋白質的形成，因此一般人都認為關節病變或是各種樣貌的關節炎是不可能被治癒的。而醫生的處方箋也僅僅是為了減輕病人痛苦的症狀而開，真正的病因既沒有被追究，也沒有被處裡。

這樣的忽視狀況十分令人擔憂，尤其當所開立的藥物可能帶給病人嚴重的傷害時。我也是在這個領域裡眾多遭受痛苦的病人之一。從一開始我就很明白地指出，我長期受到關節病痛的折磨，精準來說，是從我人生的31歲到52歲這段時間。儘管那些醫生很誠實地對我說，這些處方箋所列舉的藥物不具有任何療效，而僅僅是為了減輕我的病痛，所以要我小心服用；但是儘管如此，我還是因為治療而出現症狀，例如糖尿病，很可能就是因為某種皮質類固醇（Corticosteroid）帶來的副作用。

如果已經透過飲食獲取充足蛋白質及維生素C，卻仍患有關節炎，那就可以斷定是長期缺鎂。這個論點我

不論重述幾次都不嫌多，因為我確信對許多人來說，這具有重要性，可以讓他們免於承受劇烈病痛與折磨。

我在工作時也觀察到，極度缺乏鎂的病人不只會出現前面所提到過的例如心臟區域疼痛或是心跳過速等症狀，很多情況下病人還會出現像是動脈硬化、草酸鹽結石，以及尿液裡含有草酸鈣結晶體等情形。

最後還有一點，鎂在對抗壓力、過敏原、發炎跟血栓，都有成效。它對心臟具有保護作用，參與細胞的再極化，傳遞神經電流，以及讓肌肉放鬆。

鎂與其他礦物質

🫛 鎂與鈣

　　雖然我們體內含有大概1200公克的鈣和只有差不多24公克的鎂，但是我們每天對這兩種元素的需求量幾乎是一樣的。這個事實說明了鎂對人體新陳代謝的重要性。

　　如果因為太多鈣，使得鈣/鎂比例改變，就會提高血液中鈣離子的比例，造成的後果就是在我們身體內產生各式各樣的病痛，最明顯的例子，就是動脈的鈣化導致動脈硬化。不只如此，肺臟、腎臟、心臟瓣膜等也都會

跟著鈣化。

如果動脈硬化主要發生在頭部，就會導致記憶力衰退、視力減退和聽力變差。

肺臟的鈣化，導致類似哮喘的症狀。

腎臟的鈣化會導致腎臟機能不全，與腎臟內出現草酸鹽結石和磷酸鹽結石，以及在尿液中出現草酸鈣結晶體。

🌱 鎂與鉀

鎂與 ATP 分子（ATP = 三磷酸腺苷）一起時，可確保平衡的膜電位（elektrisches Membranpotenzial），進而確保細胞內具有高濃度的鉀。

以這種方式達到的離子平衡，是細胞內部化學反應能夠正常運作的必要條件。細胞膜去極化時，存在細胞周圍液體內數量龐大的鈉進入到細胞內部，鉀鹽就會退出。但是透過鎂—腺嘌呤三磷酸而完成的鈉泵（Natriumpumpe），細胞內各種離子的正確比例會被重

建起來。

幾年前，缺乏鎂與痙攣症候群（Spasmophilie-Syndrom）之間的相互關係，也已經被斷定了。而缺鎂是如何導致細胞中缺鉀，進而引發某些類型的抽搐，這件事也可以被完全證明了。

事實還證明，鎂的缺乏是導致其他病痛的原因：

a）**神經和心理疾病**：頭痛、頭暈、失眠、循環問題、眼睛疲勞、眼皮跳動。

b）**消化系統疾病**：消化不良、痙攣、大腸激躁、脹氣、某些明顯的過敏反應。缺乏鎂，是引起肝功能不良（traege Leber）與膽囊收縮力降低的主因。

c）**心血管疾病**：心律不整、心跳過速、心區疼痛、外圍血管舒縮疾病、重複發生的血栓性靜脈炎和高血壓。

如果有血栓形成的傾向時應該要特別注意，很可能是缺乏鎂形成的。在第二屆有關鎂的世界研討會上，有許多專家就這個主題發表了許多不同的論文：包括法國的杜爾拉赫（Durlach）、美國的安德生（Anderson）、德國的黑爾比希（Herbig），以及美國的李爾（Lehir）和他的團隊。

　　服用鎂與避免攝取固態的脂肪，可以確保治癒一般人認為不可逆的動脈硬化症。

孕期與孩童缺鎂的問題

　　懷孕期間對鎂的需求量要比非懷孕期間多出2倍，到後期甚至要提高到3倍。在懷孕期間如果欠缺鎂，就會發生以下這些常見的病痛：嘔吐、難以忍受的攣縮（Kontraktionen）、背痛、失眠、虛弱，以及手臂跟大腿的抽搐。

　　青少年需要比一般成年人多4到5倍的鎂。如果兒童缺少鎂，下列的症狀就會出現：有意識的驚厥（Konvulsionen）、顫抖、激動、煩躁不安、精神錯亂、鬱鬱寡歡、作惡夢、耍狠好鬥；這通常會導致求學出問題。除此之外，他們顯得無精打采，有時候覺得胸

悶，反應遲鈍，還有下腹跟大腿部位疼痛。

此外如果鎂的量不足，也會導致某些類型的哮喘、咽喉黏膜和支氣管時常發炎。

● 腎功能不良者應注意鎂勿補充過量

人體攝取過多鎂的情況非常少見，只有在治療過程中使用了過量的鎂鹽，同時又沒有注意到腎臟功能有缺陷才會發生。與鈉離子一樣，鎂也會隨著糞便、尿液與汗水排出體外。

在巴黎柯欽醫院的神經醫學部門，P. 德斯奎茲（P. Desgrez）及A. 蒙賽瓊（A. Monsaingeon）這兩位醫師在為病患治療的過程中加入了鎂，因為這個方法可以防止草酸鈣結晶體的形成。

從他們在加拿大公開的論文中我們了解到，人體每公斤體重使用60毫克醋酸鎂的劑量來治療腎結石是可行的，這個腎結石先是用人工的方法植入老鼠的體內，然後再用每公斤體重80毫克比例的劑量進行治療，這個大

膽嘗試，被誘發出來的結石，真的就完完全全不見了。

有草酸結石的人，用每天超過300毫克的鎂劑量，可以成功達到抑制結石的目的，在一些案例上面，甚至可以讓大部分或是全部的結石消失。透過許多長期持續的X光檢查，證實了這些成功的結果。

通常鎂不只使用於醋酸鹽中，而且更常以硫酸鹽、氯化物、氧化物、氫氧化物的形式被利用，或以離子的形式包含在這些化合物裡面。

富含鎂的食物及可能造成鎂吸收不良的情況

　　富含鎂的食物有可可、大豆、豆莢、杏仁、榛果、核桃、無花果乾、椰棗、杏桃乾、粗粒穀物以及小型魚蝦貝類的外殼。

　　另外，軟體動物、甲殼類動物、脂肪含量多的魚類、菠菜、乳酪、香蕉雖然也含有鎂，但是相較於上述的食物，數量比較少。

　　至於肉類、魚類、蛋類、奶類、蔬菜類還有水果類，這些食物裡含的鎂又更少了。

某些因素會影響人體對鎂的吸收率，包括：

a）太油的飲食

b）過量的磷與鈣

c）蛋白質含量過多的食物

d）長期進行減肥飲食

　　而植物對於鎂的吸收率受到影響，則是因為土壤中用了太多的鉀肥。

治療缺鎂的症狀

以口服方式治療

　　如果已確定嚴重缺鎂，那麼可以用每天每公斤體重5毫克鎂的劑量，以口服的方式來改善。以體重60公斤的人為例，每天服用鎂的劑量就是300毫克。不過在小孩子、孕婦或是正在餵奶的媽媽們，這個劑量要自動提高，而不論是慢性的還是急性的鎂缺乏症，**鎂絕對不可以同時跟含有鈣成分的藥物一起吃**。

　　一般情況下，在極度缺乏鎂時服用結晶狀的氯化鎂3公克，在非急性或慢性的病人身上服用2公克就夠了。

如果你容易腹瀉，就應該把一天要服用的總劑量分成3到4份，這樣就能避免腹瀉的狀況發生。如果胃酸過多，就不要用氯化鎂，改服用每天1到2公克的碳酸鎂，這個也適合推薦給孩童服用，因為它沒什麼味道，不會含太多的酸。它還可以加到果汁、沙拉或者優格裡面一起服用。最近也有人採用乳酸鎂，以膠囊或是顆粒的形式吞服，這種方式不會造成腹瀉，而且可以與任何形式的食物一起服用。

根據1980年代許多探討鎂的研討會跟論文顯示，建議採用比我在本章所寫的更高的鎂劑量來做治療。這樣一來不只能消除腎結石，也能防止新的結石產生。除此之外，這對於骨質疏鬆症、關節病、某些神經系統疾病，還有任何需要在食物加入這種礦物質的情況都是適用的。

用鎂鹽來做浴療

在西班牙東南邊海岸某些地區，海水中的鎂鹽含量超乎尋常。例如在穆爾希亞（Murcia）自治區沿海鹹水

潟湖（Mar Menor）的鹽田，它含有氯化鎂跟硫酸鎂的濃度為1%，而且它不含鉛或水銀等重金屬物質，所以對於治療各種風溼病或是關節病變十分有助益。海水對於治療關節病、關節炎或是任何缺乏鎂引起的病變都是非常有幫助的，但是相對地寒冷則是有害的。

複習一下：鎂與關節炎的關係

　　在這裡重複一下我自己的經驗。自從生下第4個孩子之後，我的背部、頭部和大腿部位的疼痛持續不斷；我感到虛弱、疲累且十分沮喪，可說是徹底的垂頭喪氣。在我接下來的懷孕期間，這些症狀更加惡化，到我懷第6胎時變本加厲到了極點。有時候我的心情就像槁木死灰，甚至期望死亡到來。沒有人理解我。我的家人看我既沒有發高燒，也沒有常見的病狀，他們無法理解我的身體狀況有多糟糕。醫師們束手無策，因為他們根本不知道我的病痛到底從何而來。

　　在懷孕期間我從一個慢性的鎂缺乏者變成急性的，

這也是我所有病痛的原因。我也經常感冒，因體質關係我喉嚨時常發炎，甚至得到流感，逼得我得躺在床上好幾天。就像這本書一開始說的，我每天依規定均衡飲食，但是我的關節卻越來越嚴重。

雖然在現代西方所謂的文明國家，人們的飲食不缺蛋白質，但是為什麼還是有這麼多人軟骨耗損？幸運地，我們今天終於找到原因。

現今我們了解，為了在體內生成蛋白質，生物需要下列這些物質：

- **胺基酸**，透過人體脫氧核糖核酸（DNS）編碼，食物供應形成蛋白質所需的材料。

- **高能複合體形式的鎂**，如三磷酸腺苷（ATP）或是三磷酸鳥苷（GTP）。

- **鎂離子**，尤其是以氯化物的形式存在。

- **維生素 C**，為了合成在軟骨中最強蛋白質膠原，人體需要維生素 C 來建造氫鍵（Wasserstoffbruecken），用它來強化膠原蛋白

的強度。

顯然，在西方國家多數人都攝取了足夠的蛋白質，而食物中的蛋白質比例時常過高，進而會造成傷害，正如我們已經發現的，它會導致尿酸的形成，造成痛風。普遍來說，我們也攝取了足夠的維生素C，它存在於像是柑橘、草莓、奇異果、鳳梨等水果以及一些蔬菜中。但是在合成蛋白質時絕對必要的元素──鎂，在現代化的飲食中卻不見了，而在大型農場圈養的動物身上也很缺乏。

不論男人、女人，甚至是青少年，越來越多人被確診患有關節炎，年紀也越來越年輕化。在家畜和大型畜牧業中也可發現同樣的現象。在西班牙，甚至連鬥牛身上也出現這種病變，牠們的膝蓋不聽使喚。還有養雞業也是，牠們的骨骼是棕灰色的。大約在40或50年前，我喜歡觀察包覆在雞骨外面白色骨膜閃耀的反射光，那時候它們是光滑、白色的，可以說是非常漂亮的，但是現在卻是坑坑洞洞的，帶有暗沉的血色。

根據1976年在加拿大蒙特婁舉辦有關鎂的世界

論壇，來自美國洛杉磯大學的卡利索女士（E. M. Carlisle）的研究報告指出，在人體不同的組織裡面，最大濃度的鎂存在骨膜（Periost＝Knochenhaut）裡。這個論點具有強大的說服力，據此可以理解為什麼缺乏鎂會時常引起關節病變，同時也解釋了雞骨頭的血灰顏色。

我的關節炎的治癒過程絕對不是單一原因導致的。在均衡飲食，又有足夠維生素跟礦物質的情況下，如果不吃皮質酮（可體松，Cortison），而是每天吃300到400毫克鎂的話，我們的身體狀況自然會獲得改善。

你首先會覺察到的，是整個人身體緊繃的情況漸漸消失，主要是在肩膀、手臂以及手的部位。在一夜好眠之後醒來，起床時再也不須耗盡力氣。心跳加速的情況消失了，同一時間假性心絞痛（Angina pectoris）、眼皮狂跳的症狀也不見了。漸漸地，關節疼痛不見了，還有曾經在後頸部位因為僵化而引起的暈眩也好了。憂鬱情緒減輕，沮喪感消失，人重新感覺有能力，可以正常思考、工作、輕鬆地活動筋骨，生命不再那麼慘澹了。

在50歲這個年紀的病人，改善關節的靈活度大概要

2年的時間。然後再經過4到9個月，可以達到令人滿意的地步。但不可否認的，骨骼、軟骨，與肌腱中膠原蛋白的重建需要很多年的時間。我自己花了整整2年，才能夠坐在戲院最低那排座位，以不變的頭部姿勢看完整部電影。當然我過去的狀況是糟糕到不行，以至於原本依照醫生的意見，要從大腿找一塊骨頭來支撐我腰部的治療計畫，終究因為我的狀況太差經不起一次手術的折騰而作罷。

因為是自己切身的經歷，我深深了解這個關節病變的苦與痛，所以當我可以很堅定地對其他人保證說，關節炎可以治好、軟骨可以再生時，我是非常滿足跟快樂的。那些在坊間流傳，說我們對於關節炎什麼都不能做，只能給病人止痛劑的說法，是錯誤的。

偶爾有一些聰明的人來找我，他們的分享讓我去思考，為什麼年紀大一點的人受到病痛的干擾，卻沒有人去關心呢？實際上50年前人們根本沒有聽過關節炎，而那時候人的工作負荷要比今天辛苦得多。而當今在20歲，甚或是更年輕的人身上，有些已經確診，他們的關

節跟椎間盤都已經嚴重磨損了。

另一個反對意見是一個牛奶中心提出的：雖然西班牙乳牛吃的飼料裡從未像今天含有這麼多的蛋白質，但是以前牛奶含有的蛋白質還是比較高。

讓我們回頭看看生物體內的蛋白質是如何內合成的，藉此來探討現代與以往不同的飲食方式。

藉由科學在分子生物學領域的研究，讓我們了解到生物製造他們需要的蛋白質是依據特定的規則進行的。人們甚至可以更精準地了解到，蛋白質合成時，高濃度的鎂需要存在於合成的哪個階段，以及它們必須以複合體或是離子的型態存在才行。除此之外，膠原蛋白的形成來自鏈接的胺基酸。首先是三個多肽鏈建立起來的原膠原（Prokollagen），是以線的形式出現，為了使這些線能變成繩狀或螺旋（Helix），需要維生素C。

早期海員因為缺乏維生素C，所以容易罹患壞血病，導致他們牙齦時常出血，而且有全身性的血腫症。理由如下：雖然他們的生物體建造了原膠原的多肽鏈，

但是胺基酸是並排的順序，不可能因此而產生膠原蛋白線（Schnur），而三條線的連結過程中必須要有酵素與羥化酶（Hydroxylasen）的積極參與，同時需要有維生素C。今天這些膠原蛋白線再也不能形成鏈了，因為我們體內鎂不足，無法製造原膠原蛋白（Tropokollagen）的基礎物質——胺基酸。一些學者將胺基酸鏈稱為原膠原（Prokollagen）或原膠原蛋白線。

當我清楚了人體（以及其他所有高等生物）是如何製造膠原蛋白時，我馬上想到患有壞血病的病人。如果他們多活幾個月或幾年的話，必定也會有關節病變。在一篇相關論文裡面，我找到對這種疾病進行歷史描述的報導，在文章中可以看到病人患有關節痛（Arthralgien），我的臆測得到了證實。根據上世紀服役於英國皇家海軍的外科醫生詹姆斯林德博士（Dr. James Lind）所說，他的病痛就是來自於關節。而另一個是老普林尼（Plinius der Aeltere）在有關日耳曼尼庫斯（Germanicus）「荷蘭戰役」的報導，描述出許多士兵在兩年之後牙齒掉光、膝蓋僵化。那時候一般人都把

病因歸咎於飲用水的不當，但是事實上應該是比較傾向於缺少維生素C所致，因為當時北歐的水果和新鮮蔬菜肯定非常少。

正如我們所見，膠原蛋白的形成可能受到兩種原因的干擾，最終關節炎也有可能是因為飲食中缺少蛋白質而產生的。我認識一些人，他們都認為自己的病痛是因為血液中尿酸太多導致的，這絕對有可能，但是沒有經過精確的血液檢查分析以確定是否真的有尿酸過多的情形，而直接接受素食、不均衡、低蛋白質的飲食方式，結果反而讓關節炎更加惡化。

在這裡我應該再次強調，飲食必須不挑食，而且面面俱到地保持均衡。如果蛋白質攝取過量，那它就會變成尿酸，積累在我們的肌肉與關節裡，引起更強烈的疼痛。即使關節炎與某些風溼病的起因是蛋白質合成不足，也無法透過攝取過量蛋白質來治癒。確實，人體透過食物中的蛋白質胺基酸，會自體合成需要的蛋白質，但鎂在這個合成過程扮演了不可或缺的角色，而膠原蛋白生成過程，還需要維生素C。

最終，攝取足夠分量且均衡（絕不能過量）的維生素B群非常重要，因為這群維生素在生物體內參與了不可計數的酵素分解作用。許多體內新陳代謝無法完成可能就是因為缺乏維生素B群所致。在現代化精緻的飲食，像是白麵粉或白糖中，維生素B群的含量已經顯著減少。另外，因為飼料中汙染物增加，大家不再吃內臟，也導致人體內缺乏維生素B群。

我們簡單做個結論：關節炎可能是因為缺乏蛋白質、維生素C或鎂而造成的。以現在的情況來說，缺乏鎂顯然是形成關節炎最常見的原因。透過均衡的飲食，加上每天攝取大約2到3公克的氯化鎂，可以解決這個問題。我想強調的是，鎂可以用藥片形式吞服，如果感覺胃酸過多，可以改成服用碳酸鹽的形式，或採用乳酸以粉末的形式攝取，並建議在正常用餐時間內一起服用。

由於害怕增加體內的膽固醇，所以人們對於一些像是腦髓或是蛋黃等富含磷的食物，吃得越來越少，甚至完全不吃。因此在飲食計畫中加入大豆卵磷脂作為替代物來補充磷以便製造ATP與GTP的分子，是有助益的。

在關注某部分的人類歷史上，比如說在比較近期的舊石器時代人類的生活型態，科學界對於關節炎相關的紀錄也有興趣。我們從相關的歷史文獻中得知，遠古時代由於氣候異常寒冷，人類生活非常艱辛，而主要食物的來源只有蔬菜或是森林中的野果。在舊石器時代最常見的疾病就是骨關節炎（Osteoarthritis）。當時人類平均壽命只有40歲，一個人到了35歲就屬於老人了。依照先前的論述，我們就可以了解舊石器時代人類的骨骼問題從何而來。他們幾乎沒有攝取到蛋白質，也就缺乏製造膠原蛋白或是軟骨與骨骼需要的成分。

鎂與動脈硬化症的關係

在第二屆有關鎂的國際研討會上，北美與德國的科學家展現了他們研究的成果，闡明缺乏鎂的飲食對人體動脈產生的影響。來自紐約醫學中心與密西根大學研究人員的論文報告特別值得一提。

鎂似乎真的可以阻止現有的脂肪堆積物被鈣化，鎂與鈣之間的拮抗作用也被證實。在血液中以離子型態存在的游離鈣變少這件事，我認為可以解釋為，鎂會影響主管鈣傳遞的蛋白質的合成過程。這個傳遞分子必須先吸收鈣離子然後將它帶到骨骼裡面去。如果沒有被帶上，那麼血液中這個所謂「赤裸」鈣離子的濃度就會升

高。它會與沉積在動脈中的脂肪酸與膽固醇形成硬化成分。鈣會與許多無機酸（anorganische Saeure）、脂肪的棕櫚酸（Palmitinsaeure）、硬脂酸（Stearinsaeure）某些部分，甚至膽固醇的乙醇群起反應作用，形成不能溶解的鹽類。

除了了解鎂對於動脈的重要性之外，人們還應該注意適度攝取脂肪，而且應該優先選用不飽和脂肪。油本身含有的不飽和脂肪越高就越值得推薦，換句話說就是食油裡面含有的亞油酸跟亞麻酸（Linol- und Linolensaeure）比例越高越好，實際上就是比較稀的油（duennfluessige Oele）。

有這樣一個說法：「一個人的年紀多大端看他的動脈血管。」這句話的意思是說，一個人能否保持他的身體與心智的能力，就看他動脈血管是否具有彈性。如果動脈有阻塞，那麼往腦部、心臟以及其他各個部位輸送的血液就會受阻。

世界上有一些著名的地方（在美國、俄羅斯、伊朗與亞美尼亞），那裡的居民壽命都很長，卻不會罹患動

脈硬化症。有一些醫生與營養學家把這個現象歸因於當地的人吃了很多的燕麥跟優格，我倒是不相信這樣的說法，因為有人對當地的土壤做研究，發現土壤中的鎂以一種特別的形式很容易被植物所吸收，這些人是因為攝取了鎂才得以長命百歲的。

當我後來知道底格里斯河（Tigris）是這世界上鎂含量最高的河流時，我的這個假設獲得了證實。另外一個支撐我論點的是，我讀到了一篇前蘇聯一位醫生，巴吉奇安（Dr. K. L. Bazikian）博士有關癌症的論文，這篇論文提到亞美尼亞（Armenien）某些地區的水域與土壤蘊含豐富的鎂。

當我們討論脂肪堆積鈣化可能導致動脈硬化的議題時，我們也必須注意到，飲食不只要看脂肪的種類與數量，同時也要注意糖與澱粉的攝取量，原因在於，人體內新陳代謝作用之一是將葡萄糖轉換成活化的乙醯基（Acetyl），從而讓我們身體從中合成飽和脂肪酸，像是棕櫚酸、硬脂酸與膽固醇。由於生物化學的進步，這一事實眾所周知，但似乎並未得到充分考慮。

有時候我會遇到一些膽固醇過高且指數一直無法降低的人，他們強調自己遵守了所有醫師的指示，也依照指定的飲食方式進食。當我問他們是否吃很多水果、蜂蜜或是果醬時，他們都很篤定地說是。

他們認為這很正常啊，因為推薦給他們的食物就是蔬菜、水果以及烤肉跟魚。而為了對抗這種頗為單調的飲食計畫，他們採取了小小平衡的作法，那就是吃很多很多的水果，因為他們認為這就是被允許的啊。但是吃水果就等於吃進很多糖，人體組織就會從中製造膽固醇。

動脈硬化症也是可以改善的。若要期待一個令人驚奇的改善效果，那麼病人要服用含有鎂的藥劑，鎂可以漸漸分解動脈裡面鈣的沉積物，如果病人想要控制脂肪的攝取量（但不能完全不吃），可以改用含有高含量多元不飽和脂肪酸的油品，像是薊花油（Disteloel）、玉米胚芽油、葡萄籽油、葵花油或是大豆油。

我認識一位82歲的老太太，她因為動脈硬化無法走動，動脈硬化主要影響她大腦的運動區域。這個可憐

的老太太就只能躺在床上，等待她的女兒把她抱到沙發上，然後她就一直坐在沙發上，再等女兒把她抱回床上。但是在她開始每天服用400毫克的鎂之後幾個月，她可以借助兩根棍子，自己一個人在房子裡到處走動。

40、50歲開始規律攝取鎂鹽的人，會擁有一個有彈性、年輕的步態，還有一個清晰的頭腦，到了老年仍然朝氣蓬勃完全是可能的。

根據我們開頭引用的一些研究顯示，當血管受傷或是破損，就會出現脂肪沉積。血小板聚集（Thrombozytenaggregate）會自動聚集在這個地方，如果血管壁不被修復，之後就會形成動脈粥樣硬化（Atherom）。我們清楚知道，鎂對於所有細胞組織的重建是非常非常重要的，也因此理解缺乏鎂會導致動脈硬化增加。

鎂與心血管系統的關係

　　許多形式的痙攣性心血管疾病，都是因為缺乏鎂。因為缺鎂而導致這些症狀，被稱為是假性心臟病。他們受有心悸、心跳過速、心臟周圍疼痛或是血液循環方面的問題，可能還會有出現心臟額外收縮（Extrasystolen）的情況，以及心律不整，也就是心臟在停頓之後又劇烈搏動。

　　我們記得，鎂能夠將鉀離子運回細胞裡。如前所述，三磷酸腺苷—鎂—複合體（ATP-Mg-Komplex）是鈉鉀幫浦（Na-K-Pumpe）最核心的組成成分。它會把鉀離子從外圍穿過細胞膜運輸到細胞內部，儘管細胞內部

的鉀濃度要比細胞外高得多。這個被稱為「主動運輸」（aktiven Transport）的過程需要耗費很多能量，而鎂在這個過程中是必不可少的，因此對於細胞膜的復極化（Repolarisation）以及維持心肌的效能，鎂是絕對不可或缺的。

鎂與高血壓的關係

　　鎂對於放鬆動脈的肌細胞膜，是不可或缺的。如果鎂的供應量不足，就會導致高血壓，此時舒張壓數值接近收縮壓，稱為「本態性高血壓」（"essentielle" Hypertonie，又稱原發性高血壓）。

　　如果高血壓是因為動脈硬化，也就是如果它們鈣化，那麼每天攝取2到3公克的氯化鎂，很可能可以讓血管具有更大的彈性並降低血壓。

　　很多時候，因情緒因素引起的高血壓也可以很快恢復正常，因為情緒壓力會導致鎂的大量流失。敏感的人舒張壓太高時，除了鎂之外，也可以飲用由香蜂草、檸

檬馬鞭草和跟山楂沖泡而成的香草茶來改善，這樣做往往有令人非常滿意的結果。

鎂與血栓的關係

　　已經有很多關鎂於血栓形成特性的研究論文公諸於世，例如法國柯欽醫院鎂代謝作用研究中心（Studienzentrum für Magnesiumstoffwechsel）的杜爾拉赫（Durlach）、加拿大多倫多的安德生（Anderson）、德國的黑爾比希（Herbig），還有美國紐約醫學院的許多科學家。

　　在眾多論文中有許多研究報告指出，在預防心肌梗塞與治療血管損傷方面，使用鎂的作法是十分成功的。在許多案例中，血栓的形成與缺乏鎂息息相關。

除此之外，安德生在他的論文中還證明了一件事，在比較因為心肌梗塞與其他原因而往生的人的驗屍報告中，有關鎂含量分析，前者身上鎂濃度少了22%。

鎂與冠狀動脈和腦痙攣——
心臟病和中風

　　有一些心肌梗塞的案例，在相關血液分析報告中，病人身上既沒有過高的脂質值（Lipidwerte，膽固醇與三酸甘油酯）也沒有糖尿病。當這些案例突然死去，也做了屍體剖檢，但是很多時候就是找不出病人猝死的原因，未能發現可能導致血管梗塞的血塊或脂肪沉積。但是，造成心臟或大腦供血不足的原因是什麼？

　　原因就是痙攣。冠狀動脈、腦動脈、甚至是手臂跟大腿血管的痙攣，或是提供胸廓血液血管的痙攣。受到抽搐襲擊的人會覺得心臟周遭不適或劇烈疼痛，也有可

能是全身有一種奇怪的感覺，偶爾伴隨著抽搐。經過這種因為痙攣而引發的心臟病或中風，如果血管的梗塞只是短暫的，病人通常可以很快復元，但若是因為血栓或脂肪栓塞而引發冠狀動脈或腦梗塞，情況就不同了。

一份由卡佳出版社（Verlag Karger）發行的《鎂》（Magnesium）雜誌，在1982年3月/4月號刊登了美國紐約布魯克林醫院心血管部門弗利德曼（H. Friedman）的一篇論文，論文的標題是「冠狀動脈痙攣及其與鎂缺乏的關聯」。同一份期刊內，還有一篇在美國長島猶太山坡醫學中心（Long Island Jewish-Hillside Medical Center）心臟病學學院任職的庫爾查達（Kul Chadda）與尼爾舒爾茲（Neil Shultz）聯合寫的一篇論文，有關「鎂缺乏與冠狀動脈痙攣 —— 在心力衰竭猝死中的角色」。在5月/12月號還有其他相同主題的論文也做出相同的結論。在一項藉助於大數據資料的研究調查報告中，證明了今日北美的飲食中，鎂的含量只有本世紀初的一半。

鎂與糖尿病的關係

在許多糖尿病患身上，經常可以觀察到他們在排尿的時候也排出了比較多的鎂，這導致他們體內血液的鎂更加不足，因而罹患低血鎂症（Hypomagnesiaemie）。

一項與此相關的研究特別值得重視，這項研究是1981年在德國巴登巴登（Baden-Baden）舉行的第三屆有關鎂的國際研討會上發表的。和田（M. Wada）、富士（S. Fuji）和高村（T. Takamura）與他們來自日本大阪的團隊紀錄了一項由109個糖尿病患與33個健康者做對照組參與的研究。這個報告詳細記錄了在血糖控制不佳的糖尿病組中，血漿中的鎂離子濃度變低，而隨著排

排尿排出去的鎂量卻變高，其空腹血糖值為250mg/L以上；另一方面，在一組因為糖尿病而引起嚴重視網膜病變的病人身上，他們血漿與紅血球內鎂離子的濃度消退得更加厲害。作者們認為，研究結果表示，鎂的代謝紊亂很可能跟糖尿病視網膜病變的出現與發展有關。

而與此相對地，由瑞典烏普隆拉（Uppsala）大學的強森（G. Johnnson）與丹尼爾森（B. Danielson）領導的一組醫師，在同一個研討會上做出了以下的推斷：「糖尿病患因為長時間使用胰島素治療，他們身上出現的鎂缺乏症可能可以歸因於在尿糖（Uringlukose）滲透作用的次要效應（Sekundaereffekt）引發鎂不斷流失的結果。」

在丹麥哥本哈根大學的一群醫生們也在論文中提出了他們的觀點：「低血鎂症是糖尿病網膜病變的形成與進展的另一個危險因素。」他們在另一篇研究報告中也做了結論，「在有高血糖症（Hyperglykaemie）的糖尿病患身上，如果鎂量在單純的細腎管吸收（Tubulus resorption）過程中變少，導致鎂透過排尿流失高於平

均，血漿中鎂量不足的現象自然就出現了。」

就像我們看到的，這與瑞典烏普拉薩大學的醫師們得出的結論是相同的。

1982年12月在法國巴黎舉行的第10屆有關鎂的討論大會上，所有的論文都指向一個主題──「鎂、糖尿病與碳水化合物新陳代謝作用」，代表專注於這樣一個議題肯定很有意義。在大會上被宣讀的論文都源自於法國巴黎柯欽醫院的杜爾拉赫（Durlach）與美國紐約布魯克林的阿爾杜拉（Burton M. Altura）。

鎂與腎結石的關係

　　法國的動物試驗顯示，飼料中缺少鎂會導致腎的鈣化（鈣在腎臟中堆積），特徵是磷酸鈣沉積在溶酶體、腎細胞的細胞質以及血管的橫切面內。在人體裡，腎結石的存在通常與尿液中鈣與鎂的不平衡有關。在草酸鹽形成的時候，鈣與鎂的比例值會升高到平均值2.6，這個數值讓我們對尿液中鈣的增加有所有解。

　　我們因此可以確定，鎂的缺乏會導致腎臟中磷酸鹽的形成，一如在老鼠身上所做的試驗一樣，許多來自不同國家的專家證實，人體裡草酸鹽結石的產生是鎂不足的關係。

許多不同的研究者贊成，在混合草酸鹽和磷酸鹽結石的情形下，或是在無尿路感染下形成磷酸鹽結石的情形下，使用鎂來治療。針對此，來自西班牙的拉普道博士（Dr. Rapdao）在加拿大蒙特婁進了他的一項研究，他報告了兩個因為鎂缺乏症而導致腎鈣化的案例。在病人被送到他的診所之後，他開始使用氧化鎂為他們治療，而在治療期間他們的所有病痛都消失了。

在巴黎柯欽醫院由J‧湯瑪斯（J. Thomas）、E‧湯瑪斯（E. Thomas）、P‧德斯奎茲（P. Desgrez）及A‧蒙賽瓊（A. Monsaingeon）完成了一項體外研究，了解鎂療法如何阻斷草酸鈣的結晶化以及如何減低由人工試驗產生的草酸結石。如果病人每天服用劑量300毫克的醋酸鎂，就可以讓草酸鹽結石部分或是完全不見。透過不斷重複的X光檢查，他們的結論獲得了證實。

不過如果關係到繼發性的（sekundaere）磷酸結石生成，即結石是感染引起的——這種現象在形成珊瑚狀結石的磷酸鹽沉積物中很常見——那麼攝入大量的鎂反而有助於磷酸氨鎂（Magnesiumammoniumphosphat）的

產生，這個時候就不應該給病人鎂療法，特別是不可以用高劑量。另一方面，在腎臟沒有被感染時將鎂治療法應用在草酸鹽結石或是磷酸鹽結石是可以的。

儘管人數不多，但有些人身上很容易產生磷酸氨鎂，不過也只有在血液中因為缺乏鎂時這種情況才會存在。對於這些人，首先要看他們腎臟有沒有其他病變，隨時關注，如果有病變一定要先進行適當的治療。

我遇過一位患有磷酸氨鎂結石與磷酸鈣結石、又時常受腎臟炎所苦的患者，在她身上做了廣泛的檢驗分析之後，得知其血液中鎂離子的含量是1.7%，而一般情況平均值應該是介於2.3%到2.5%之間。她的鈣鎂比例照道理說應該是小於2的，但結果是3。在這種情況下，鎂的缺乏就無法在腎臟感染早期很快地壓制這些病原。

如果腎臟裡存在著氨，那麼當未得到控制的細菌入侵，就會導致非常嚴重的惡果，因為尿液在微生物的作用之下會逐漸發酵。即使血液中鎂的濃度不高，隨後還是會形成磷酸氨鎂，實際上，這是該元素唯一無法被溶解的鹽類。

換句話說，鎂缺乏症的病人無法在腎臟感染初期對抗腎臟的病變，這種情況讓我們陷入進退兩難的境地。我們是不是應該在治療的時候給病人高劑量的鎂，讓病人血液中有足夠的鎂離子濃度——這是對免疫反應最重要的因素，或是我們最好避免這麼做呢？以我來看，像這樣的案例，重要的是要精確測試血液與尿液中鎂離子的濃度。當然也還要透過動物實驗，讓在嚴格的控管下取得的結果可以應用在人類身上。

　　今天如果為了溶解人體內已存在的腎結石或是避免可能會產生腎結石而投入鎂鹽，那麼不論是碳酸鹽或是氯化物、乳酸鹽、氧化物、氫氧化物，各種形式都是可行的。

鎂與利尿劑的關係

　　長期使用利尿劑治療的個案，除了會缺乏鉀之外，通常也會發現鎂的缺乏。

鎂與過敏症狀的關係

　　多方研究報告顯示，大概有40%的過敏症患者體內鎂含量不足。根據帕洛特（J. L. Parrot）的研究，鎂療法有時會有驚人的效果，特別是在過敏鼻炎以及某些特定的支氣管炎案例。

鎂與消化系統的關係

在實驗中利用人為方式導致鎂缺乏症，已證實了鎂在生理學上具有重大意義。這些事證如下：

◆ **胃部病變**：上黏膜細胞萎縮，可能導致胃潰瘍。

◆ **腸道病變**：黏膜細胞活性降低，導致黏膜變弱，容易發炎和潰瘍。

◆ **肝損傷**：引起肝細胞局部壞死以及血管擴張。

服用符合生理上一定數量的鎂可以矯正上述問題，它們是可逆的。不過以下這些症狀不一定會發生在鎂缺乏症的病人身上，也沒有一定的針對性：

- 消化不良

- 賁門痙攣

- 胃脹氣

- 大腸絞痛與蠕動障礙

- 腹脹

- 腹瀉與便秘交替出現

- 由膽囊引起類似偏頭痛的頭痛

鎂與人體抵抗力的關係

　　有關鎂缺乏症與人體缺乏抵抗力兩者之間的相互關係，在過去許多研討會上都被討論過，這些討論中對於鎂、白血球活動力與形成抗體三者之間的關係，總是不斷地被拿出來強調。

　　我想做個提醒，保護我們免於受病毒侵襲的白血球和抗體都是蛋白質。在討論蛋白質合成的過程中，我們都知道必須吃東西以攝取此類化合物必要的組成成分，那就是胺基酸。我們也了解到細胞內部以高能複合體（ATP、GTP）形式存在的鎂離子，其量要達到0.02莫耳（Mol）是絕對必要的，還有以氯化鎂的形式存在

時，鎂離子的濃度要達到0.01莫耳，這樣在蛋白質合成時，核糖體亞基（Ribosomenuntereinheiten）的連結才會保持穩定。

許多國家因為長年使用人工化肥，導致土壤中能被植物吸收的鎂變少，也因為這些植物作為食物後導致人體內的鎂量不足，使得今天人體內原有對抗傳染病的天然抵抗力大幅度地消失。雖然化學療法以及接種疫苗的進步掩蓋了這個問題，但是當我們仔細面對問題時就會知道這事不是那麼簡單，比方說，以前是某個時間由外地傳染開的流感，現在已經變成隨處隨地都可以出現的傳染病了。其他的疾病也幾乎是這個樣子。在報章雜誌上，我們一再地讀到，因為流感或感冒造成幾百萬金錢以及工時的損失。

在西班牙我們可以關注到的畜牧業，感染口蹄疫的牛隻越來越多。雖然業者知道可以透過規律地對動物接種疫苗減少憾事發生，但是小牛的腹瀉情況以及許多其他的傳染病卻還是繼續不斷地上演。雖然使用藥物跟抗生素多少可以補救一些情況，但是如果牛隻是健康的，

在對抗病毒與細菌的侵襲時可以快速啟動防衛機制，結果會更令人滿意。

鎂與女性的關係

依據正常週期性的變化，婦女對於鎂的需要量並非一成不變。

◆ 雌激素（女性荷爾蒙）會降低鎂濃度。

◆ 雄激素（男性荷爾蒙）會提高濃度。

◆ 以藥物形式提供的荷爾蒙對於鎂濃度的影響，與人體自身的影響相同。

不過在口服避孕藥丸這件事上必須要特別小心，因為這些藥丸會降低鎂濃度。

懷孕期間婦女對鎂的需要量，有下列額外的需求：

a） 胎兒組織的形成，必需吸收來自母體組織的鎂。

b） 懷孕7個月之前，持續為嬰兒建立儲備的鎂。

c） 補足因嘔吐而流失的鎂。

d） 當服用大量鈣時：補償拮抗性鈣離子對鎂的吸收抑制作用。

今日孕婦為了避免體重增加，在懷孕期間偏好食用熱量較低的食物，她們首先會避開富含鎂的食物（包括大豆），例如杏仁、巧克力、乾果等。

在懷孕期的最後3個月，鎂鹽的需要量升高到每天每公斤體重15毫克。假設供應量不足，很容易出現下列症狀：

◆ 嘔吐，即使懷孕已經過了前3個月。

◆ 肌肉痙痛

◆ 肌肉痙攣

◆ 坐骨神經痛

◆ 預產期前子宮收縮疼痛

無論是否懷孕，缺鎂的婦女都會出現下列的症狀：

◆ 腰部以及骨盆部位產生劇痛

◆ 輸卵管因痙攣而閉塞

◆ 經前症候群，例如興奮激動、精神煩躁或無精打
  采；體內積液（Fluessigkeitsansammlung）以及胸
  腔部位繃緊的感覺。

服用口服避孕藥已確知會提高血栓形成的風險。這
似乎是由於雌激素引起血液中鎂的減少所導致的血小板
紊亂。

鎂與癌症的關係

　　1974年在法國維特（Vittel）舉辦的第一屆有關鎂的學術研討會上，來自亞美尼亞共和國衛生部附設的X光與腫瘤學研究所的巴吉康博士（Dr. K. L. Bazikian）做了一場專題報告，他的報告內容簡單概述如下。

　　他的研究基於24,577個患有惡性腫瘤的病患案例，對各種不同形式的腫瘤進行精準的科學分析並予以記錄，特別值得注意的是在亞美尼亞共和國各個癌症中心登錄立案的胃癌案例上。

　　透過與地質學家和農學專家一起努力的研究報告顯示，亞美尼亞的土壤、飲用水以及灌溉用水都含有非常

豐富的鎂。塞凡湖（Sevansee）是世界三個富含鎂的大湖之一（其他兩個是在俄羅斯的伊瑟克湖〔Issyk-Kul〕和在匈牙利的巴拉頓湖〔Plattensee〕），鎂鹽含量高達每公升水60毫克。亞美尼亞共和國有30%的農地都用這個湖的水灌溉。

就如原作者所推測的，在土壤與飲用水中鎂鹽含量較少的地區（每公斤土壤含鎂量高達27毫克，而飲用水含鎂量高達15毫克）生活的人，他們罹患胃癌的比例較高。相較之下，在胃癌患者較少的區域，土壤和水中的鎂鹽含量都比較高（每公斤土壤含有55毫克，每公升水含40毫克）。

在列寧格勒腫瘤研究所的惡性腫瘤治療和實驗醫學實驗室透過對老鼠進行實驗，證實了鎂鹽的抗腫瘤效果。在接種可以激發癌症病變物質（9.10二甲基〔Dimethyl〕、1.2苯甲醛〔Benzanthracen〕在苯液中稀釋到0.1%）30到50天後，每天餵這些實驗的老鼠氯化鎂60毫克，試驗結果顯示，牠們的癌症發病率降低30%。

當接受試驗的動物第一次接觸致癌物質之前7天餵

以鎂鹽，那麼牠們的腫瘤發生率會降低約49%。同樣地在預防皮下腫瘤發生方面，投入氯化鎂也取得很好的效果。有一組老鼠在整個試驗期間（200天）都給予鎂，記錄的結果真的非常令人驚嘆。在這個群組裡面只有三分之一的老鼠出現腫瘤，而沒有使用鎂的實驗對照組出現腫瘤的比例高達83%。

在這些實驗中也發現，氯化鎂可以降低強效藥物（DMBA、DBA）的毒性。這個效果可以用來減低一種眾所周知名為環磷酰胺（Caclophosphamid）的抗腫瘤藥物的毒性。在212隻老鼠分成5組的試驗中，即使牠們身處毒素環境環境中，但對於毒素的接受度是提升的。另一方面也顯示，鎂不會影響到環磷醯胺（Cyclophosphamid）藥劑抗腫瘤的效能。

兩年後，1976年在加拿大蒙特婁舉辦的第二屆有關鎂的學術交流會上，來自美國芝加哥的哈斯（G. J. Hass）、麥克李阿里（Patrice McCreari）與拉因（Grant Laing）共同提交了一份研究論文，記錄了對老鼠所做的另一項試驗，在他們的試驗中，餵給老鼠極端缺乏鎂的

飼料中。在第6週與24週中間，有20%的老鼠身上會長出一種惡性的致命淋巴瘤，這些腫瘤會先出現在胸腺，然後再四處擴散。讓老鼠持續處在極端缺乏鎂的環境中，其中有5%老鼠從第24週一直到第60週，老鼠的身上會出現一種也是同樣有致命危險的骨髓性白血病。而在試驗對照組中，既沒有淋巴瘤，也沒有白血病出現。因此專家們得出一個結論，鎂是調節、形成和成熟白血球的遺傳機制的關鍵因素。

在同一場學術交流會上，來自波蘭克拉考醫學院（Medizinische Akademie Krakau）的亞力山德羅維奇（Julian Alexandrovicz）也做了一場專題演講，介紹了一項對人類與牛的研究。他的研究論文白紙黑字寫下了結論：「在波蘭，白血病在土壤含鎂量低的地區更為常見。」

從他的解釋中，我將在以下的章節中介紹我找到的他寫下來的一些事實情況。

許多類型的癌症具有特徵性，而所謂非典型細胞的形成和繁殖，這些細胞根本上跟人體組織的細胞有巨大

的差別。它們喪失了特定的組織與器官特性而生成腫瘤，它們可以經由淋巴通路與血管被傳送到身體其他各部位，繼續到處擴散形成新的腫瘤。這種非典型的細胞讓基因密碼徹底的改變，在這個過程可以清楚地看得出來，這些細胞在孳生的過程中繼續繁殖細胞，這些跟我們原來的，或是我們認為「好的」細胞完全不一樣，這些非典型的癌症細胞就這樣一直不斷地被繁衍。如此一來對於脫氧核糖核酸（DNS）的干擾就出現了。（DNS是德文脫氧核糖核酸的簡稱，但有時候也有人會用英文desoxyribonucleic acid的簡稱-DNA來稱呼。）

如果不知道DNS是什麼以及導致它發生突變的原因，就不可能了解癌症究竟是什麼。因此，我想在此解釋一下DNS的結構與它的組成成分。

華生（Watson）與克里克（Cricks）兩個人制定了一個DNS的結構模型，這個模型在後續的研究已被確認。根據這個模型，DNS由兩束或兩鏈核苷酸組成，它們彼此用一種螺旋或雙螺旋的形狀圍繞在一起（參考右頁，圖1）。每一條鍊各以十個核苷酸形成一個完整的

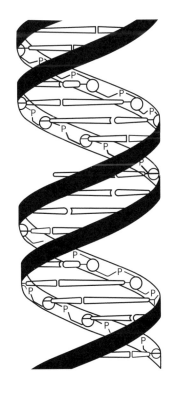

圖1　脫氧核糖核酸DNS的模式

螺旋。有時這兩條鏈會分開，譬如在為了蛋白質合成而要形成m-RNS的時候，或是在為了子細胞的形成DNS要加倍的時候，這兩條螺旋鏈就必須分開。這程序會在某種特定酵素的運作下進行。

核苷酸，DNS的成員，是由嘌呤序列或是嘧啶序列的核鹼基（Basen），帶有5個碳原子的糖分子（脫氧核糖〔Desoxyribose〕）以及磷酸鹽群所組成，它們彼此相互作用導致核苷酸的連結。在兩條螺旋鏈坐落在相同高度的核鹼基，透過相對容易溶解的氫鍵（Wasserstoffbruecke）彼此連結在一起。如果在同一個位置上一條鏈具有嘌呤核鹼基，那麼另外一條鏈在同一個高度就會具有嘧啶核鹼基。它們彼此總是成對地以相同方式配對：腺嘌呤—胸腺嘧啶以及鳥嘌呤—胞嘧啶。

三對這種核鹼基製造出密碼子（Codon），會被這樣稱呼，是因為它將某種特定的胺基酸進行了編碼。這種密碼子的排列順序，能夠確定某種特定蛋白質多肽鏈的胺基酸順序，其實就是基因（Gen）或是結構基因（又稱順反子，Cistron）。

所有生物有機體細胞都含有同樣數量的DNS＊。不過絕大多數的基因是安靜的，只有一部分是活化的，要看細胞的種類而定。舉例來說，構成肝細胞的蛋白質就與構成肌肉或細胞的蛋白質不同。

　　看起來，某些帶有許多正電胺基酸的蛋白質，也就是所謂的組織蛋白（Histon），似乎會阻止一些基因活化，而某些特定的酵素或荷爾蒙又會讓這個作用消失。可以簡要地說，化學程序對於基因的阻斷與基因相關的活化具有決定性作用。

　　在DNS為了生成子細胞而複製的時候，會自己攤開。這些核苷酸會斷開他們的對手，而同樣的位置又被新的游離在細胞內部的核苷酸所取代。而這個過程總是不斷地以固定成雙成對的腺嘌呤—胸腺嘧啶以及鳥嘌呤—胞嘧啶的組合出現。舊的螺旋鏈分開之後會跟新的螺旋鏈重新結合在一起，新的螺旋鏈會根據舊的螺

＊生殖細胞例外。它們只含有一半的DNS，因為這樣才能夠在精子與卵結合的時候，聯合一半來自父親的基因密碼和一半來自母親的基因密碼。

旋鏈是否有互補的核鹼基的情況作結合。（請參考圖2）。

在這個過程中必須要有鎂的加入發揮作用，新的核苷酸螺旋鏈才能正確地排序。如果確定沒有什麼異樣發生，那麼子細胞完成的DNS就會與母細胞一致。

透過氫鍵讓雙螺旋鏈的核鹼基彼此結合在一起，代表一個相對較弱的鍵，所以對DNS的核鹼基來說，比嘌呤與嘧啶結合有更大化學親和性的物質可能會進到細胞內部，像是染料、亞硝酸、芳香族胺類，甚至還有一些藥物等（請參考第147頁的致癌物質表。這些清單雖然不是那麼完整，但是可以給我們一些概念，了解到底哪些物質可能在基因密碼裡面引起突變）。這類物質在一定程度上是在核鹼基中間的侵入者，它在其中一個核鹼基中接受一個共價鍵（kovalente Bindung），這比原來的氫鍵關係強大許多。這種被侵入的核鹼基證實在一個新生成的DNS螺旋鏈時，無法接受一般的核鹼基與核鹼基的關係。新的DNS會依照被改變的模型出現，也因此，這個DNS會因為它本身許多部分對引發癌症病變的

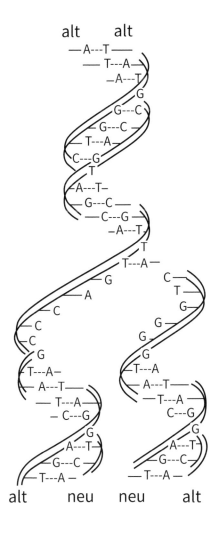

圖2　脫氧核糖核酸（DNS）複製以形成子細胞

物質產生反應，而忍受這種突變。因為這些共價鍵非常堅固，所以被改變的狀態可以保持一段很長的時間。

　　一般人認為，這樣的各種損害是非常容易發生的。不過人體組織也會使用一些方法與各種途徑，來阻止外來的攻擊以確保基因密碼不受損害。特定的酵素系統肩負檢測並剷除各種突變的任務，如果只有雙螺旋鏈的其中一鏈受到波及，另外不受波及的那一鏈會比原模式更完好地，依照腺嘌呤—胸腺嘧啶（A-T）與鳥嘌呤—胞嘧啶（G-C）核鹼基的模式，再度互相連結在一起。

　　為了完成這個「修復」工作，核酸內切酶（Endonuclease）這種酵素會把核苷酸之間的聯繫撬開。在被癌變物質阻撓的核鹼基裡兩側會有兩個或三個核苷酸被分開，然後DNS的聚合酶（Polymerase）會開始行動，這種特別的酵素連結核苷酸而且有可能因此可以製造出一條新的螺旋鏈作為舊的複製品。不過要做到這一點，必須要有一條沒有被改變的原始螺旋鏈模式隨時可供使用，而且這個DNS聚合酶必須借助鎂才可能達成它的任務。今天這些知識都可以在現代生化教科書裡

面查閱得到。最後，還有另外一種被稱為DNS連接酶（DNS-Ligase）的酵素，確保新形成的螺旋鏈與其他螺旋鏈核苷酸的連結，藉此讓該螺旋鏈再度擁有完整的基因密碼（請參考第146頁，圖3）。這個過程只能在一定的鎂濃度下才能進行。

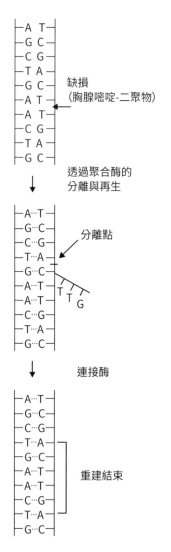

圖3　脫氧核糖核酸（DNS）的重建

引發癌症病變的物質*

化學物質或工業過程	出現地點或出現方式	損害的器官	發生途徑
黃麴毒素（Aflatoxine）	周邊環境、工作場所	肝	口腔進食、吸入
石棉（Asbest）	工作場所	肺、胸膜腔、腸胃道	吸入、口腔進食
氨基-4-聯苯（Amino-4-biphenyl）	工作場所、使用藥物	膀胱	吸入、皮膚接觸、口腔進食
砷（Arsen）（衍生物）	工作場所、周邊環境	皮膚、肺、肝	吸入、口腔進食、皮膚接觸
金胺（Auramin）（生產）	工作場所	膀胱	吸入、皮膚接觸、口腔進食
苯（Benzol）	工作場所	造血系統、膀胱	吸入、皮膚接觸
聯苯胺（Benzidin）	工作場所	膀胱	吸入、皮膚接觸、口腔進食
鎘（Cadmium）（工業上使用，也可能是氧化鎘〔Cadmiumoxid〕）	工作場所	攝護腺、肺	吸入、口腔進食
氯黴素（Chloramphenicol）	使用藥物	造血系統	口腔進食、吸入
鉻（Chrom）（製造業）	工作場所	肺、鼻腔	吸入

化學物質或工業過程	出現地點或出現方式	損害的器官	發生途徑
環磷醯胺 （Cyclophosphamid）	使用藥物	膀胱	口腔進食、注射
己烯雌酚 （Diaethylstilboestrol）	使用藥物	子宮、陰道	口腔進食
芥子氣（Senfgas）	工作場所	肺、喉	吸入
赤鐵礦（Haematit） （提煉） （氡〔Radon〕？）	工作場所	肺	吸入
2-萘胺 （2-Naphtylamin）	工作場所	膀胱	吸入、皮膚接觸、口腔進食
鎳（Nickel） （精煉廠）	工作場所	鼻腔、肺	吸入
烴甲烯龍/康復龍 （Oxymethodlon）	使用藥物	肝	口腔進食
非那西丁 （Phenacetin）	使用藥物	腎	口腔進食
苯妥英（Phenytoin）	使用藥物	淋巴組織	口腔進食、注射
煤煙、焦油與各種油類	工作場所、周邊環境	肺、皮膚、陰囊	吸入、皮膚接觸
氯乙烯（Vinylchlorid）	工作場所	肝臟、腦、肺	吸入、皮膚接觸

我們可以對這張表再做補充，加入更多目前已知或是有被懷疑可能危害人體健康的物質，包括亞硝酸鹽、某些溴化合物、硼化合物、亞硝酸、芳香族胺類、苯並芘（Benzopyren）等。

＊資料來源：Centre International de Recherches sur le Cancer

我們的DNS具有數十億個核鹼基，多個個別的核鹼基和鍵結構成了核苷酸。在一條鏈上兩個、三個或更多連續的核苷酸可能具有相同核鹼基。有時候核鹼基的改變並不是化學物質引發的，而是輻射能引起的。紫外線跟X光以及透過核能釋放出來的輻射，都可以使得同一條鏈上比鄰的兩個核鹼基發生化學反應。常常出現的一個例子就是胸腺嘧啶二聚物（Thymin-Dimer），它在一條鏈中兩個緊鄰的胸腺嘧啶核鹼基之間形成了一個共價鍵（kovalente Bindung），形成的原因有可能是在太陽底下曝曬時間過長，受到X光或其他放射性元素輻射的關係。今天我們知道，核能研究者跟醫院裡放射線科醫生以前死於癌症病變的人並不是少數，一直到有鉛圍裙、橡膠手套跟鉛手套出現，情況才有所改變。不過許多漁民跟其他行業因為工作需要而長久曝曬在太陽底下的人，也經常罹患癌症，特別是皮膚癌或是唇癌。基因突變不一定會導致癌症病變，就像我們先前已經描述過的，基因突變是有可能被逆轉的。

病毒也有可能把一部分的DNS混進我們基因裡

面，從而引發突變。甚至還有一些特別的核糖核酸病毒（RNS-Viren），它們的基因密碼是透過核糖核酸（RNS）建立起來的，而這種改變須藉助於最近才被科學家發現的反轉錄酶（reverse Transkriptase）才可能形成。發現這種酵素的諾貝爾獎得主發現，它逆轉了從DNS轉變成RNS的正常資訊流，所以以下這個過程是有效的：RNS→DNS。大概有十分之一的癌症病變個案可歸因於此類病毒。

我想要指出改變DNS的另一個可能：它是可以斷開的。DNS是一個巨大分子，它的柔韌性會允許自己按照需要而做出調整，可以結合在一起再分開，它的兩根螺旋線或鏈視情況是可以被拆開的。這種應變是在正電離子的幫助下，中和分子外側帶負電離子的磷酸鹽群而達到的。

嘌呤核鹼基與嘧啶核鹼基是向內的。我們的基因密碼就像是一個繩梯，透過平行的兩條鏈，經由核鹼基相互連結，按照梯子的橫木建立起來的。這些綁在一起的核鹼基只有在DNS製造蛋白質或是子細胞的時候才會打

開和分離。如果是有一類信使核糖核酸（m-RNS）出現了，這個過程就叫轉錄（Transkription），如果是加倍，也就是形成一個子細胞，那麼這個過程就稱為（遺傳物質的）複製（Replikation）。

向外的磷酸鹽基群在生物體液中是完全離子化的。意思是，它們的負電離子透過稱為「組織蛋白」（Histone）的蛋白質、某些胺類（Amine）、還有細胞的二價金屬元素，例如鎂++跟鈣++等正價離子中和。鈣是一種礦物質，主要出現在細胞外液中，比如在腦脊液、間質血漿以及血液裡，由此看來，透過金屬元素鎂來中和磷酸鹽基群的負離子無疑是最適合的了。

這個基因密碼也就是DNS在轉錄或複製的過程中，以每分鐘10,000個螺旋的速度自行展開。如果這個磷酸鹽基群的負離子未能適當地被中和，那麼就會出現剛性。在展開的時候，如果是相同的電荷（例如都帶負電）彼此靠得太近，就會出現電荷互相排斥的現象，因此在細胞中有適當量的鎂濃度對於基因密碼的靈活度與穩定度是非常重要的因素。

再次簡短地說明：有許多因素可能會引起DNS發生突變；如果這些因素沒有被排除，那麼就會產生不一樣的子細胞，這些子細胞很可能就成為惡性腫瘤的原因。

🦠 引發脫氧核糖核酸（DNS）突變的因素

a）致癌物質

b）病毒

c）輻射線

d）電荷效應（DNS分子內有相同電荷群組的相互排斥）。

　　生物有機體能夠有效地應對可能對我們基因密碼造成的傷害，不過前提是雙螺旋鏈的其中一條鏈要保持完好，而且主管「修復工程」的各類酵素要找到一些必要條件，讓工作得以有效地進行。生成新鏈的必要條件之一就是要有一定濃度的鎂，否則DNS聚合酶與DNS連接酶就無法產生功效。

❧ 影響脫氧核糖核酸（DNS）穩定的因素

a）二價正離子，特別是鎂++。

b）某些酵素（核酸內切酶，DNS聚合酶與DNS連接酶）。

c）某些蛋白質、各類組織蛋白和某些胺類：與二價鎂離子一起時，可確保DNS的靈活性，藉此，在DNS展開時，基因密碼的轉錄與複製就可以順利地進行。

❧ 突變細胞的形成

　　如果基因密碼的改變影響基因裡彼此相對的核苷酸，也就是同時出現腺嘌呤與胸腺嘧啶或是鳥嘌呤與胞嘧啶的話，那麼DNS的「修復工程」將不可能完成。當DNS加倍形成子細胞時，新生成的細胞與母細胞時具有不一樣的基因組，成為突變細胞。如果這樣的改變不是很大，這些細胞會自然地適應周圍的組織且接受後續相關的各種任務，但如果它的改變相對地非常顯著，那就

可能發生更多的反應變化，包括：

a）白血球將細胞膜的蛋白質視為不同類別，將它們區分為本體的（koepereigen）還是異體的（koerperfremd）（也可說是內源性或外來性）。在這種情況下免疫系統會開始防禦，它的先鋒隊就是NK細胞（NK是英文natural killer〔自然殺手〕的縮寫）。根據最新的科學證據，NK細胞有能力分辨任何一個細胞是本體的還是異體的，並消滅異體細胞。在接下來的階段，伴隨著其他與胸腺（Thymusdruese）相關的淋巴細胞，例如B細胞和T細胞，複雜的防衛機制開始啟動。

體外試驗（In-vitro-Versuche）的結果指出，K細胞會立即猛撲其他癌細胞，不必多花時間就能判斷這些細胞的抗原（Antigene）並產生合適的抗體來中和它們。

淋巴細胞和抗體都是由蛋白質組成的。為了讓免疫反應的防衛機制能在不正常細胞可能開始形成或擴散時就立即啟動，必須要有適當的各種蛋白

質快速地被製造出來。所以在這裡要再次提醒，不論是在信使核糖核酸四個製造過程的其中三個，或是在蛋白質的合成過程以及核糖體的穩定性方面，鎂都是不可或缺的角色。

b）出於某種原因，免疫系統的防衛機制也可能無法緊急快速啟動並發揮消除最初癌細胞的有效作用，以至於這些癌細胞很快地擴散並形成腫瘤。腫瘤獨特之處是喪失了能讓正常細胞停止分裂的「接觸抑制」（Kontaktinhibition）現象，而非典型細胞卻增生成不合常規的細胞簇（Zellhaufen），增生速度偶爾會與胎兒組織的增生速度相似。這讓人猜想，胎兒透過「有絲分裂」（Mitose；細胞增殖）快速形成組織的這種基因分配方式，也屬於一種DNA變異。眾所周知，胎兒組織的增長速度要比成年人組織形成的速度快非常多。

依我的看法，掌握細胞快速複製關鍵的基因的活

化，是由兩種不同的方式促成的：

1) 致癌物質與核鹼基形成共價鍵——也許是因為它的大小或是化學作用——活化了那些在細胞生成時必須保持靜默的基因。

2) 致癌（kokarzinogen）物質，雖然它單獨存在時不會引發癌症，但是它可以促使已經突變的細胞迅速增殖，當這種物質的效應出現，緊跟著的就是真正引發癌症病變物質的反應，在脫氧核糖核酸內部帶領細胞突變。這類物質包括巴豆油（Krotonoel）裡面含有的佛波醇（Phorbole），它可以刺激細胞，使其快速增殖並形成腫瘤。不過只有在致癌物質先出現後，這些物質才會活躍起來。舉例來說，把巴豆油滴在實驗動物的皮膚上，它只會產生發炎反應。另一方面，如果該實驗動物之前就曾用致癌碳氫化合物治療，那麼很快就會發展出皮膚腫瘤。這些促成腫瘤生成的物質，被稱為致癌物質。

在周遭近鄰中，我有機會密切注意到一個肺部原發性腫瘤個案。這位病人的頭部、腹部以及動脈血管僅僅在發病幾個月之後就充滿了贅生物並導致阻塞。很明顯地這種非典型細胞的生成是在染色體組（Genom）的指示下，以超乎尋常的速度快速複製形成的，也就是胎兒基因是被活化了。這類腫瘤在我們口語中也被稱作「女性腫瘤」，因為她會「下崽」（Junge werfen）（生小孩）。肺癌導致細胞脫氧核糖核酸出現大量損傷，這個事實一點也不令人驚訝，因為我們已經確認在菸草的煙霧中至少有32種物質可能會導致基因密碼突變。因此在一個老菸槍身上會有數量龐大受傷的基因，不斷地曝露在新的攻擊中。

與這個肺癌案例相反，我有一位家人在他40歲的時候被發現身上長了腫瘤，但他現在已經84歲了卻還活得好好的。當時醫生反對動用手術割除腫瘤，而這個病人也正常生活超過40年了；這40年不就等同於他全部人生的一半時間了？當然這個腫瘤是受到「控制」的，不論是透過免疫保衛系統或是因為突變的細胞是以所謂的

正常速度增殖才沒有出問題。這個腫瘤發生在下半身部位，但不會損害到重要的器官；而且也沒有新的腫瘤長出來。當然病人的腫瘤細胞還有這個個案的非典型細胞胎兒基因是受到抑制的，一直到他活到超過80歲，腫瘤才開始快速增長並且對擴散至鄰近的器官。

在這個階段，可能被活化的是那些重複有絲分裂（Mytose），導致快速細胞增殖的基因。

一個意義重大的事實是，一個腫瘤要長到差不多有十億個細胞時才會被診斷出來。而我們的免疫系統一天大概只能殺死2000個癌症細胞，當然這個問題還沒有經過臨床的證實。現今世界上許多極其有名的癌症專家認為採取預防措施才是這場對抗癌症的戰爭最有效的武器，因為到目前為止還沒有真正有效對付這個病變的方法。醫院的外科門診案例中有一些令人懷疑的結果：有時候開刀手術甚至會加速癌細胞的擴散，而用輻射線治療以及化學療法在許多案例中好像有令人滿意的結果。但是來自全世界的科學家最重要的建議卻是推動預防措施。越來越多致癌物質已經被找到，所以我們可以概括

地指出在對抗癌症的戰爭中該如何往前走。我們要預防的，是抽菸、飲酒、過度曝曬陽光、摻雜人工色素的精緻飲食或是待在已經被汙染的環境中，它們都引發癌症甚至可能失去性命的因素。

在編製全世界癌症病變的地圖集時，我們發現了一些奇怪的事實。一如預先設想的，地圖上出現一些黑點，都跟油田與大型化學工廠相吻合。但不知是何原因，在北美油田登載的癌症病例比在科威特或其他阿拉伯地區油田的個案多很多。同樣是化學製藥廠，但令人無法理解的是，為什麼在德國罹患癌症的比率比荷蘭高？

與北美或德國同事相比，阿拉伯或荷蘭工人的防禦系統對環境危險的反應較好也較快，原因又是什麼？我想我們可以在人們的飲食行為上找到原因。毫無疑問地美國人與德國人的日常飲食對比科威特與荷蘭人一定缺少了某些東西。如果精確測量人們食物中的鎂含量，我相信美國人和德國人一定會比阿拉伯人或荷蘭人吃進更多含有鎂的食物。為什麼呢？以下是我的解釋。

德國與美國都是農業高度發展的國家，他們在很早以前就開始大規模地投入化學肥料，所以他們的土壤自然形成礦物質不平衡的現象。相反地，荷蘭的農業有一個特點，他們一大部分用來作為農業利用的土地是圍墾的土地，就是我們熟悉的海埔新生地。在這些地方，除了海水本身含有大約1%的鎂之外，還有許多有孔蟲（Foraminiferen）、棘皮動物（Echinodermen）和甲殼類動物（Krustazeen）遺留下來的外殼，這些外殼含有大約多達50%的碳酸鎂——有一些含鈣藻類甚至還可以達到25%。由此我們可以推論，荷蘭人日常飲食的含鎂量要比德國人高出甚多。還有值得一提的是椰棗（Datteln），這對阿拉伯人而言是很重要的食物，它含有極不尋常高含量的鎂，最重要的，這些椰棗都是在自然平衡的土壤中生長，而不是在受到人工化肥破壞的土壤長成的。

　　到目前為止，我所闡述的所有內容與世界上那些最有名科學家與癌症專家的論述完全一致。其中一位霍華德・特明（Howard Temin）先生，他曾經與巴爾的摩

（Baltimore）先生和杜爾貝柯（Dulbecco）先生一起獲得諾貝爾獎，獲獎的原因是彰顯他在腫瘤病毒學領域的研究以及發現反轉錄酶*，在一次訪談中，他證實癌症基本上跟基因訊息受到干擾有關，而真正發生病變是透過已知的包括病毒在內的一些致癌劑（kanzerogenen Agenzien），或是透過電荷種類影響而導致的。

基本上他的說法與我的假說是一致的，在細胞液內如果缺乏二價鎂離子就會引起脫氧核糖核酸一定的剛性（Starrheit），而分子缺少柔韌性就有可能產生裂面，進而成為各種突變的導火線。

同樣的情況也可能發生在酵素系統上，一般而言酵素系統有能力去除基因密碼周圍的傷害，但是酵素系統如果缺少反應就有可能讓腫瘤出現進而形成癌症。在這裡容許我再一次提醒大家這個有重要意義的角色，鎂在DNS聚合酶與DNS連接酶投入時扮演的角色。

＊正如先前提到的，這種攜允許RNS病毒產生DNS，此DNS被引入細胞DNS並導致其突變。

呂克‧蒙塔尼耶教授（Prof. Luc Montagnier），法國巴黎巴斯德研究所（Pasteur-Institut）腫瘤學部門主任，曾經在另外一項訪談中解釋了有關各種病毒對於癌症病變的意義，按照他的說法，在大部分因為病毒而產生的癌症病變的案例中，還有其他起決定性作用的各種因素，例如化學物質、飲食、荷爾蒙干擾，長期危險因子的影響以及免疫系統的衰弱。

另一位法國癌症病變專家利昂‧施瓦岑貝格（Leon Schwartzenberg），對於上述最後一點也表達了類似的看法。當一位記者問道：「是不是我們所有人總有一天都會得到一個小癌症呢？」他回答說：「確實，有許多癌症研究專家是這樣猜測的。不過人體組織非常有能力，可以追蹤那些受到干擾的細胞。我們免疫系統可以發揮的能力是夠強的，一天殺死的癌細胞可以達到2000個。」他補充到：「只有當這個防衛系統失靈，在原因還在調查陷入不確定性時，癌症腫瘤才會形成。」

儘管還沒有足夠確切的資訊可以佐證這個結論，不過這裡凸顯出一個問題，沒有足夠可靠的數據可以證明

與飲食相關的鎂缺乏，或許就是我們免疫系統失敗的最明顯且最容易理解的原因之一。

我們充分認識了鎂在蛋白質（包括抗體以及淋巴細胞）生成時扮演的基礎角色。在「修復」受傷的DNS時絕對需要鎂，也已經是千真萬確的事了。那我們還必要做些什麼嗎？我們要公開地讓全世界的人都理解，對於基因密碼的穩定性，其細胞再生的可能性以及對抗非典型細胞的防衛能力，這個礦物質是一個最關鍵的因素，然而它在為農產所利用的土壤中能夠被人發現的含量卻是越來越少，在食品中當然也越來越少。

政治人物與科學家總是不斷地暗示，日益增加的癌症與我們的食物有重大的關係。以下是一些重點，在這裡做一個提醒。

a）**粗纖維不足**。粗纖維不足會導致糞便會多逗留在腸子內好幾天，使得細菌繁衍，並有利於有毒物質的產生。此外腸子內的物質會變乾。為了排除這些乾掉的糞便，有時需要借助瀉藥形成腸肌蠕動的壓力，這種壓力很大，有時比正常的壓力大

上9倍，相當於10毫米水銀柱高或是每平方公分13.6公克。服用瀉藥甚至可以讓人的壓力達到90毫米水銀柱，如此強大的腸肌蠕動必定會傷害腸道纖維，是非常顯而易見的道理。連同上面提過的細菌增殖與有毒物質的產生，說明了為什麼在某些地區大腸癌患者會密集出現的理由，因為在這些地區的人主要以精白麵粉為主食，而相對地在其他地區的居民主要卻以全麥穀物為主。全麥穀物的外殼含有大量的鎂、鐵與維生素B群，時到今日大多數居民也已經很熟悉這些營養素相互間的關聯性了。

b）**使用色素。**根據一篇在法國科學雜誌發表的文章，紅色色素是最可能致癌的色素。

c）**現代食物中鎂含量不足，**這一點在前文中已經有了很充分的討論。

對抗癌症病變最有效而且最強大的武器就是預防。我們應該優先選用全麥穀類做的麵包跟糕點，多吃富含

纖維量的蔬菜，少吃加了色素的食物，色素完完全全是多餘的添加物。我們也應該在飲食計畫中增加一些鎂含量多的食物，例如大豆、可可、杏仁、榛果、核桃、豆莢、南瓜、無花果乾等。如果因為缺鎂而導致前面描述的病痛出現時，那就必須另外服用各種鎂鹽製劑。

這裡馬上出現一個問題，如果有了足夠的鎂，無論是透過鎂含量豐富的食物或是另外服用各種鎂鹽製劑，是否就一定能保證足以對抗癌症避免死亡的威脅？話可不能這樣說，我們可以透過科學統計數字來佐證，鎂攝取足夠的人比起攝取不足的人，罹患癌症的機會減少五分之一，這這句話意味著，對於這種看法的驗證，我們還必須借助於許多癌症研究專家推薦投入的其他方法，那就是統計學。事實證明，事先預防加上統計學，是對抗癌症時最好的武器，因此我們必須照著這個方向走。

因此如果有人想吃大量的鎂，我們並無法確定是否這樣就可以有效阻止癌症的發生或是早期發現的惡性腫瘤可以成功地被治癒。只有透過統計數字我們才能發覺這些效用。不過到目前為止情況是令人滿意的，根據統

計數據我們清楚地看到這種糟糕又令人擔心的病變發生率正在下降，這是值得我們每份努力的事情。

有時候我們會聽到別人說，悶悶不樂以及內心不安的人較容易罹患癌症。這句話是對的。依我的觀點，某些精神上的問題和兒茶酚胺的釋放（Katecholaminausschuettung）會導致鎂透過排尿流失，換句話說會產生跟壓力成正相關的繼發性鎂缺乏（sekundaeres Magnesiumdefizit）。

生物組織內鎂的減少意味著細胞液與血液裡沒有理想的鎂濃度以排除脫氧核糖核酸受到的傷，也無法及快速製造可以摧毀最早形成的非典型細胞的淋巴細胞。內心焦慮以及充滿壓力的人確實會透過排尿流失大量的鎂，所以服用鎂鹽劑對他們來說是非常重要的，只有這樣才能把流失的鎂補回來。

鎂與腫瘤以及肉贅的關係

　　在家族裡，我有機會觀察，藉助含有豐富鎂鹽的食物如何讓胸部的腫瘤跟冷囊腫（kalte Zysten）消失不見。這是一個19歲年輕少女的故事，她以前因為月經不規則出血而疼痛，同時胸部長了許多囊腫或是小腫瘤。她接受許多不同藥物的治療，時間長達兩年，可是沒有一絲效果。大部分的治療甚至對她造成傷害，因為它們引起過敏或是斑疹等反應。最終，她透過外科手術割除了腫瘤。

　　大概過了3個月，她的胸部又長出幾個新的、嚴重發炎的囊腫。那位專業、有人性又受到高度肯定，同時

也是幫她開第一次刀的外科醫師建議她直接把兩邊乳房都割除。醫師表示雖然診斷分析確定是良性的囊腫，但是他無法預料這些囊腫將來是否會轉變成惡性腫瘤。因為他正要去度假，所以將手術的日期延後6個星期。

在等待動手術的這段時間，我開始對她進行了鎂治療法。剛開始時病人完全沒興趣遵循我的建議。對她而言，現代醫學醫藥跟手術刀做不到的事，我這麼簡單的治療方式更不可能做得到。

不到4周的時間內，她所有的腫塊都消失不見了，原本預計的手術也就沒必要做了。幾個月跟兩年之後的追蹤檢查，再也找不到原來的或新的囊腫，此外經常讓這位小姐受苦的風溼病也消失得無影無蹤。

在更多其他人身上，透過鎂的治療，同樣讓子宮內的囊腫萎縮或完全消失不見，其中一個個案的囊腫甚至已存在了30年。

一位來自西班牙巴塞隆納，最近才過世，很有名的內科醫師佩德羅龐斯博士（Dr. Pedro Pons），以他自身

的經驗報告說，經過鎂鹽的治療也可以使肉贅消失不見的。一位來自西班牙潘普洛納（Pamplona）的太太也寫信來，指出了同樣的見解，她是因為關節病變才開始服用鎂鹽的，結果她的許多肉贅也因此消失不見了。

鎂與攝護腺的關係

在法國，使用鎂鹽來治療攝護腺炎特別常見，因為這個礦鹽讓，許多男士免去手術開刀之苦。

鎂與膀胱炎的關係

在一個膀胱炎復發的案例中，利用有抗菌、利尿以及淨化作用的湯藥來輔助鎂鹽作治療，達到了令人驚奇、快速又良好的結果。

鎂在畜牧業扮演的角色

　　如果牲畜食用的飼料產自施以人工化肥的土壤，那麼牠們也會出現跟人一樣的病痛，然後很容易被感染。以前的流行病，如今成為日常病症。實體藥材庫已經準備就緒，用以治療母牛乳腺炎、小牛腹瀉及其他各種傳染病。

　　還有骨骼也受到影響。舉例來說，大家看到的家禽骨頭外表已經和以前完全不一樣了。大約40年前，它們還是光滑、堅實、白色的，間或帶有彩色閃光的外表，而今天它卻們是棕灰色、坑坑洞洞、粗糙的。我們發現這些動物很容易出血。幾乎全身都有血腫跟紫斑

（Blutflecken），這就是鎂不足的徵兆，儘管牠們還活著，但狀況卻時常令人擔憂。骨骼與關節是最常受到傷害的地方，因為鎂在骨膜裡面是（或者說應該是）最多的。

在牛隻身上也存在許多問題。像是西班牙鬥牛在鬥牛場上突然跪倒，就是因為跟人一樣也有關節病（Arthrose）跟關節炎（Arthritis）。在乳牛方面，也時常有骨骼方面的問題，例如膝蓋的腫塊或是關節的瘀血，我們也可以發現牛奶裡面的蛋白質含量是變少的。

關於鎂各種常見但錯誤的認知

　　一般人可能會一再遇到一連串有關鎂的不明真相以及錯誤報導，傳遞範圍從農業利用的土地到生物化學領域，部分甚至是由一些科學家與醫生所支持的。我們在此再一次嘗試盡可能地把這些充滿錯誤的觀點矯正過來，這是很值得努力的。

時至今日，我們在很多書本裡還是可以讀到關於施肥問題，類似的報導：

▶▶ **整體而言，所有的土壤都富含鎂的。透過有機施肥，這個被植物吸收的元素已經成功地重返土壤中了。**

◉◉ 不是所有的土壤都含有豐富的鎂。即使那些原本具有豐富鎂含量的土壤，在時光推移之下早已變得貧乏，今天為了達到大面積收成的土壤地力被大幅度地耗盡。有機肥也無法將足夠的鎂送回土壤，因為飼料植物內的鎂早就很少了。

即使土壤中真的存在足夠的鎂，但由於鉀鎂的拮抗作用（Kalium-Magnesium-Antagonismus），人工化肥中大量的鉀元素阻止了鎂的被吸收，意思就是在這種情況下植物更容易吸收鉀。在富含鈣的土壤中，也存在著相對應的鈣鎂拮抗作用。

錯誤2

在部分的營養學文獻中，會出現以下論點：

▶▶ **均衡的飲食就可以滿足對鎂的需求。**

◎◎ 這樣的說法不完全對。甚至越來越難以相信食物含有理論中所說那麼大量鎂的說法。

這些原因就是先前所描述的，土壤中的鎂是如何變貧瘠的以及因為大量使用鉀元素造成土壤中陽離子不平衡所導致的。此外，由於飲食中使用了太多的精白麵粉以及精鹽，也是造成缺鎂的原因。

錯誤3

▶▶ **植物需要鎂的最主要原因，是為了製造葉綠素。**

◎◎ 這是不對的。植物內部只有1%到5%的鎂是用來製造這個綠色色素的。

一般人可能在化學教科書或是關於農業報導中讀到上面這個錯誤的訊息，也因此當一位有名的生化研究者

跟我說：「鑑於這個農作物漂亮的綠色，您怎麼還堅持認為這些農作物鎂含量不足呢？」我必須解釋給他聽，鎂被用來製造葉綠素-紫質（Chlorophyll-Porphyrin）只占一個非常小的百分比，有別於一般大眾的意見，植物中最大部分的鎂是以離子的樣貌存在的或是與三磷酸腺苷（ATP）等分子形成複合體。

錯誤4

我是從上面那位生化學者口中聽到這種說法的，我還讀到某一些有關飲食和荷爾蒙的書有類似的說法。

▶▶ **我們攝取鎂主要途徑，是靠我們吃進嘴裡的植物的綠色部分，特別是菠菜、甘藍、生菜跟其他各種蔬菜。**

◉◉ 事實上我們攝取鎂主要是從種子或果仁，也就是大豆、可可、杏仁、榛果、花生、豆莢跟全麥穀類，還有一些水果，例如椰棗跟無花果乾而來的。

有關食物中鎂含量的正式報告，可參考59頁的表格。

在醫學文獻以及許多關於營養問題的書籍中到處可見這樣的說法：

▶▶ **人體體重每公斤需要的鎂含量介於3到4毫克之間。**

◉◉ 事實已經證明，成年人需要的鎂量介於每公斤體重7到10毫克，但是對於孕婦跟哺乳中的婦人，她們需要的鎂量要提高到每公斤體重15毫克。在青少年快速成長期內，每個人每天每公斤體重鎂的需要量必須達到15到30毫克（根據美國紐澤西布隆伯格〔Bloomberg〕蜜爾卓德·S·希利格〔Mildred S. Seelig〕的說法）。因此，一個成年人每天應該要攝取的鎂，從300到400毫克提升到700到800毫克的量。所以我們可以看出，實際需要與醫生跟營養學專家一般認定的必要量存在很大的差異。

錯誤6

　　已經發生過好幾次，在我建議某人吃鎂鹽來去除某些病痛時，就會有藥劑師或醫生說：

▶▶ **鎂鹽對腎臟不好。**

◎◎ 不論是鹽類、維生素（一般人攝取這個早已超過迫切需要的量）、鈣、鉀等，只要過量，一定都對腎臟不好。但是鎂應該要被攝取到一個不可或缺的量，現代飲食中鎂的赤字才可能達到平衡。

　　根據杜爾拉赫（Durlach）的理論，會形成這個最初鎂赤字的原因其實就是現代飲食造成的（1974年，法國維特〔Wittel〕）。赤字是怎麼來的這個問題，我在本書內剛好也做了追蹤調查。

　　杜爾拉赫在鎂鹽治療時相關的禁忌症（Kontraindikation）還表達了一些觀點，他的話白紙黑字如下：「理論上，對鎂缺損的姑息治療是沒有什麼禁忌症的。」

不過在某些情況下需要特別小心：

a）如果病人已經感染了磷尿症（Phosphaturie），那麼在施以鎂鹽劑治療之前，要先治好磷尿症。

b）如果病人存在肌無力（Myasthenie）症狀，那麼治療時鎂鹽的劑量要特別精準，因為一旦過量就會提高中毒的危險性，解毒劑是鉀鹽跟普洛斯的明（Prostigmin）。

c）腎功能不健全，因為它是造成鎂滯留的最主要原因。臨床上唯一可能出現的狀況是，使用不合理的鎂治療將會導致鎂累積的症狀。

無論如何，鎂缺乏或是鈣鎂關係改變而變得有利於鈣，是腎臟內形成草酸鹽結石的原因。

再次整理：缺鎂時的症狀

🫘 神經肌肉痛（杜爾拉赫〔Durlach〕、柯迪耶〔Cordier〕、哈洛〔Herotte〕）（法國）

焦慮過度、胸部壓力與緊張感、發聲疲勞、胸腔壓迫感、呼吸困難、顫抖、神經危機、特別發生在頸部的一般頭痛、頭暈、失眠、伴隨著失去知覺的或單純的循環問題、全身虛弱無力、眼睛睏乏。

此外還有刺痛感、抽搐、皮膚搔癢、痙攣、脊柱周遭的劇痛、肌肉痛、強直性痙攣（Tetanie），以及感染破傷風。

🫘 循環問題

包括心悸、心區劇痛、心臟期外收縮
（Extrasystolen）、血栓、高血壓。

🫘 消化不良

膽管問題、肝功能障礙、胃和腸黏膜細胞
數量減少、上腹部痙攣、結腸痙攣、腸胃脹氣
（Blaehsucht）。

🫘 呼吸系統疾病

類似哮喘的呼吸道問題、某些類型的支氣管哮喘、
強直性痙攣假哮喘（tetanisches Pseudoasthma）。

🫘 過敏問題

偏頭痛、哮喘、過敏性鼻炎、搔癢以及溼疹。（鎂
鹽劑治療方式對以上這些案例不完全保證有良好的療

效，但有時候在短時間內就會有驚人的結果，效果也很持久。）

● 骨骼問題與鈣調節障礙

骨骼內鈣化不足、骨關節炎；動脈鈣化、肺部鈣化與腎臟鈣化。

● 其他症狀

指甲易碎、頭髮脆弱、嚴重掉髮、易生蛀牙、琺瑯質形成不足、牙齦透明、眼睛玻璃體混濁、男性生殖力受損、膀胱括約肌機能受損、無法控制的尿失禁、攝護腺炎。此外，鎂鹽與其他相應的元素可以治療某些病症，例如低鈣血症（Hypokalzaemie）、低鉀血症（Hypokaliaemie）與磷尿症（Phospaturie）（磷酸鹽透過尿液大量流失）。在上述的這些案例中，要先檢查是否有腎功能障礙，如果有的話，要先治療腎功能障礙。同樣地，若有草酸鹽結石案例也要注意。

繼發性的鎂缺乏

　　某些神經上的不適或是腸道疾病也有可能引發繼發性的鎂缺乏症：神經傳導物質不足，導致神經興奮；乳糜瀉、小腸切除術、結腸炎、慢性小腸結腸炎（Enterokolitis）、潰瘍，還有因為使用瀉藥而引起的腸壁變化。

　　營養不良、胰腺炎與慢性酒精中毒可能也是引發鎂不足的原因。

　　還有證據顯示，所有壓力都會導致鎂透過排尿流失，特別是處於神經系統過度勞累以及在情緒衝擊的情況下。

憂傷、沮喪、歇斯底里的神經症患者也會因為症狀而流失鎂。在精神病患者中，抑鬱和沮喪的人要比躁狂或是精神分裂的人流失更多的鎂。

酒精、嗎啡、鎮定劑與巴比妥類（Barbiturate）藥物中毒，與繼發性的鎂缺乏有關；這種情況也會發生在鉛中毒、錳中毒、鈹中毒的案例，也許對於氟中毒跟高鈣血症也相關。

還有許多飲食方式也會導致繼發性鎂缺乏，因為它們攝取的食物多半缺乏鎂，像是多蛋白、低熱量、多碳水化合物的飲食；禁食療法的方式也是。

在過去或是當代的許多醫學文獻中，我們可以找到許多有關某些藥物對鎂尿（Magnesiurie）增加的影響，以及鎂與某些特定藥物，如麻醉藥、止痛藥、鎮定劑（Sedativa）、鎮定藥（Tranquilizer）跟抗驚厥藥（Antikonvulsiva）等的協同作用的研究。這可能會導致在藥物中加入鎂以減少藥物劑量的嘗試。

避孕藥似乎會導致可以支配的鎂變少。在法國有許多醫生，他們在開給婦女避孕藥處方的時候會建議她們要吃鎂鹽，以預防血栓與其他的問題。

鎂作為一種化學元素

　　鎂是一種高反應的輕金屬，它的密度是1.74，原子質量是24.312。它的同位素是Mg-24、Mg-25、Mg-26。

　　鎂在礦石中是以菱鎂礦（Magnesit $MgCO_3$）的形式存在，在與鈣結合時會以白雲石Dolomit $CaMg（CO_3）_2$的形式呈現。氧化鎂也稱為菱鎂礦，這是最早被稱為「白鎂」的一種元素，它會與碳酸鎂一起形成沉積。

　　鎂也會以水鎂礬（Kieserit $MgSO_47H_2O$）、水氯鎂石（Bischofit $MgCl_2 \cdot 6H_2O$）或是複鹽（Doppelsalze）的形式出現；另外也會以光鹵石（Karnalit $MgCl2KCl \cdot 6H_2O$）或是鉀鹽鎂礬（Kainit $KCl \cdot MgSO_4 \cdot 3H_2O$）的

形式呈現。

在矽酸鹽中最重要的鎂化合物是：橄欖石（MgFe）SiO_4與偏矽酸鹽（Metasilikat）滑石（Steatit）$MgSiO_3$。另外還有滑石（Talkum）$Mg_2（Si_2O）$、氫氧化鎂$Mg（OH）_2$、蛇紋岩（Serpentin）$Mg_3（OH）_4Si_2O_5$、海泡石$Mg_2H_2-Si_3O_5$以及石棉$Mg_6（OH）_8Si_4O_{10}$。

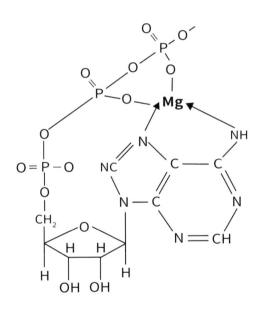

圖4　三磷酸腺苷（ATP）

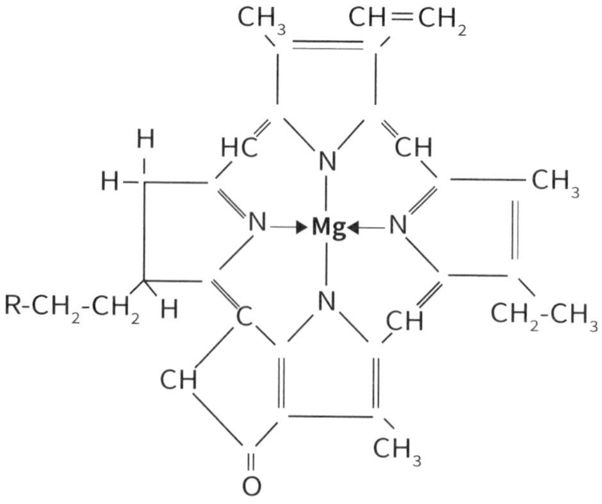

圖5　葉綠素

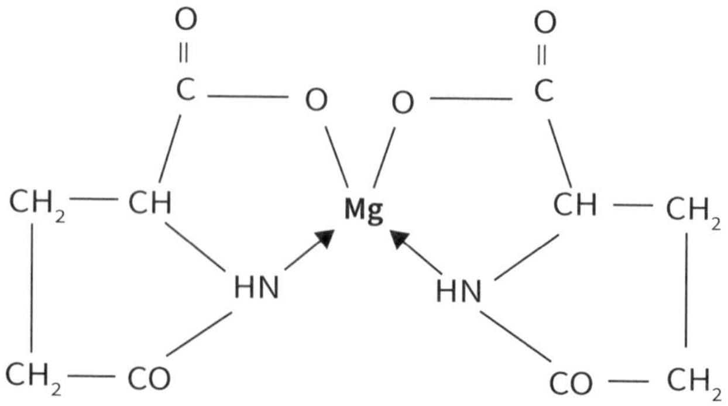

圖6　吡咯烷羧酸鎂（Pyrrolidin Carboxylat）

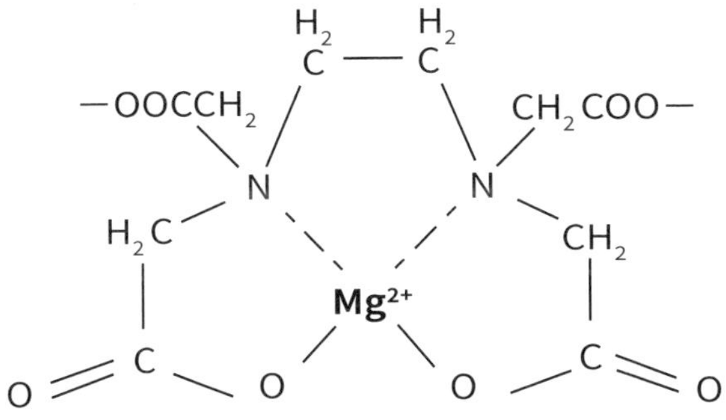

圖7　螯合鎂乙二胺四乙酸酯（Ethylendiamin Tetraazetat）

　　有關火成岩的礦物質組成成分，請參考礦物質組成表以及火成岩的組成表（第44至46頁）。

　　鎂在化學元素週期表中的原子序數是12，它排列在第三週期，屬於第2族。

　　這個輕金屬有12個質子、2個電子以及在電子殼層最外層的2個電子，它的電子組態（Elektronenkomfiguration）順序如下：1 S^2, 2 S^3 P^6, 3 S^2

如果鎂失去它的兩個價電子，會留下氖（Ne, Neon）的結構，帶有介於電荷與離子半徑之間很大的差異性。

鎂的原子半徑是1.36埃（Angstroem），在正價二離子時會縮小到0.66埃。這個強大的正電荷有中和的傾向，在這時候鎂離子會用一個電子八隅體（Elektronenoktett）包圍起來，每一對屬於四個不同的原子，通常跟氧原子與氮原子有關。

過程中它會得到氬（Ar, Argon）的外型輪廓，用四個電子對以螯合物（Chelat）的形態出現。

這樣的例子，發生在像是三磷酸腺苷（ATP）、葉綠素、吡咯烷羧酸鎂（Magnesium Pyrrolidin Carboxylat）的化合物中，和乙二胺四乙酸酯（Ethylendiamin Tetraazetat）中。

鎂能夠很容易地從離子形式改變成螯合物形式，是每一種生物組織合成過程中最重要的催化劑之一。

這些所謂的高能分子三磷酸腺苷（ATP）跟三磷酸

鳥苷（GTP）都需要鎂才能被活化，所以在所有生物體的化學合成過程中，不論是動物的還是植物的（碳水化合物、脂肪、蛋白質），都迫切需要鎂。

出於同樣的理由，鎂也被用於通過細胞膜的主動運輸上，這會導致在肌肉鬆弛期間以及當細胞質內的物質濃度大於細胞周圍液體進而使得物質順著濃度梯度穿過細胞膜時，發生神經元的復極化（鉀離子、胺基酸就是這種情形）。

鈉鉀幫浦（Natrium-Kalium-Pumpe+）持續作用直到把鈉送出細胞外，這個過程不能沒有鎂。

鎂對於信使核糖核酸生成也是必不可少的，這個生成過程是依照下列的化學反應來進行的：

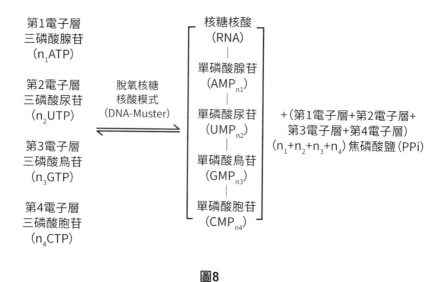

圖8

蛋白質生成合成的最初幾個階段需要濃度為0.01莫耳的氯化鎂，唯有如此，兩個核糖體亞基在形成多肽鏈時才不至於分開。

表　蛋白質生成合成四個主要階段的必要成分

階段	重要構件
1.胺基酸的活化	胺醯tRNA合成酶ATP ___ 正四價鎂離子（Mg++++）
2.多肽鏈的開端	胺醯tRNA起始密碼子 信使核糖核酸（mRNA） 三磷酸鳥苷（GTP） ___二價鎂離子（Mg++） 觸發因子（F1, F2, F3） 30S核糖體亞基
3.延伸	透過密碼子特異的胺醯tRNA ___二價鎂離子（Mg++） T因子 三磷酸鳥苷（GTP） G因子
4.終止	在mRNA中的終止密碼子

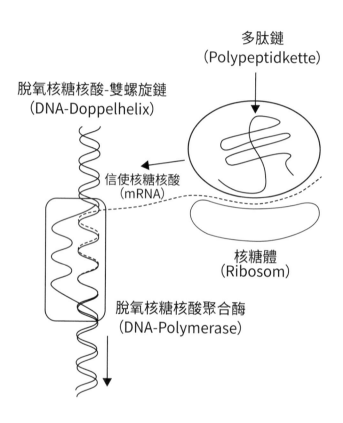

多肽鏈
（Polypeptidkette）

脫氧核糖核酸-雙螺旋鏈
（DNA-Doppelhelix）

信使核糖核酸
（mRNA）

核糖體
（Ribosom）

脫氧核糖核酸聚合酶
（DNA-Polymerase）

圖9　蛋白質生成合成示意圖（來源：勒寧傑 Lehninger）

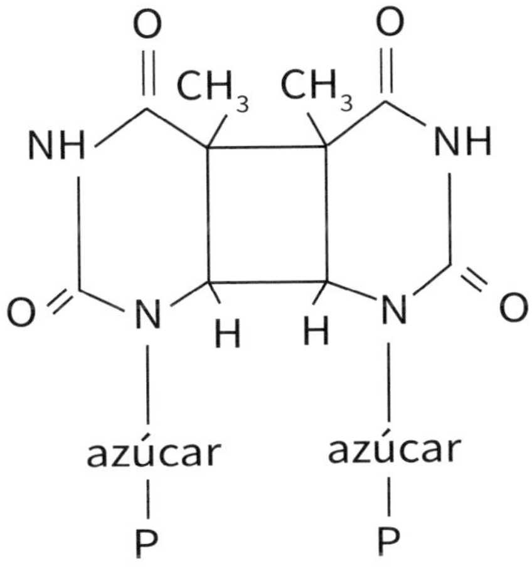

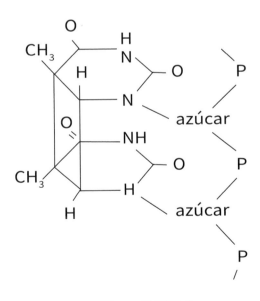

圖10　開放或扁平形狀圖

圖11　堆疊形式

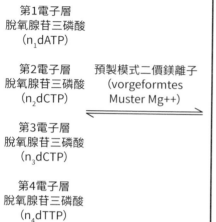

第1電子層
脫氧腺苷三磷酸
（n₁dATP）

第2電子層
脫氧腺苷三磷酸
（n₂dCTP）

第3電子層
脫氧腺苷三磷酸
（n₃dCTP）

第4電子層
脫氧腺苷三磷酸
（n₄dTTP）

預製模式二價鎂離子
（vorgeformtes
Muster Mg++）

脫氧核糖核酸
（DNA）
|
第1電子層
脫氧腺苷單磷酸
（dAMP$_{n1}$）
|
第2電子層
脫氧鳥苷單磷酸
（dGMP$_{n2}$）
|
第3電子層
脫氧胞苷單磷酸
（dCMP$_{n3}$）
|
第4電子層
脫氧胸苷單磷酸
（dTMP$_{n4}$）

＋（第1電子層＋第2電子層＋
第3電子層＋第4電子層）
（n1+n2+n3+n4）焦磷酸鹽（PP

圖12

國家圖書館出版品預行編目資料

鎂日健康：抗發炎與過敏、改善失眠、防血栓、保護心臟與血管、調控血壓與血糖、遠
離癌症／安娜·瑪麗亞·拉尤斯提西亞·貝爾嘉沙（Ana Maria Lajusticia Bergasa）
著；許秀全譯. -- 初版. -- 臺北市：原水文化出版：英屬蓋曼群島商家庭傳媒股份有限
公司城邦分公司發行, 2021.12
面；　公分. --（悅讀健康；165）

ISBN 978-626-95292-9-2（平裝）
1.鎂 2.營養

399.24　　　　　　　　　　　　　　　　　　　　　　　　　　　110019147

悅讀健康 165

鎂日健康

—— 抗發炎與過敏、改善失眠、防血栓、保護心臟與血管、調控血壓與血糖、遠離癌症
Die erstaunliche Wirkung von Magnesium:
Über die Bedeutung von Magnesium und Probleme bei Magnesiummangel

作　　　者／安娜·瑪麗亞·拉尤斯提西亞·貝爾嘉沙
　　　　　　（Ana Maria Lajusticia Bergasa）
譯　　　者／許秀全
選　　　書／林小鈴
責 任 編 輯／潘玉女

行 銷 經 理／王維君
業 務 經 理／羅越華
總　編　輯／林小鈴
發　行　人／何飛鵬
出　　　版／原水文化
　　　　　　台北市民生東路二段141號8樓
　　　　　　電話：02-25007008　　傳真：02-25027676
　　　　　　E-mail：H2O@cite.com.tw　部落格：http://citeh2o.pixnet.net/blog/
　　　　　　FB粉絲專頁：https://www.facebook.com/citeh2o/
發　　　行／英屬蓋曼群島商家庭傳媒股份有限公司城邦分公司
　　　　　　台北市中山區民生東路二段 141 號 11 樓
　　　　　　書虫客服服務專線：02-25007718·02-25007719
　　　　　　24 小時傳真服務：02-25001990·02-25001991
　　　　　　服務時間：週一至週五09:30-12:00·13:30-17:00
　　　　　　讀者服務信箱 email：service@readingclub.com.tw
劃 撥 帳 號／19863813　戶名：書虫股份有限公司
香 港 發 行 所／城邦（香港）出版集團有限公司
　　　　　　地址：香港灣仔駱克道 193 號東超商業中心 1 樓
　　　　　　Email：hkcite@biznetvigator.com
　　　　　　電話：(852)25086231　　傳真：(852) 25789337
馬 新 發 行 所／城邦（馬新）出版集團
　　　　　　41, Jalan Radin Anum, Bandar Baru Sri Petaling,
　　　　　　57000 Kuala Lumpur, Malaysia.
　　　　　　電話：(603) 90578822　　傳真：(603) 90576622
　　　　　　電郵：cite@cite.com.my

美 術 設 計／劉麗雪
內 頁 排 版／游淑萍
製 版 印 刷／卡樂彩色製版印刷有限公司
初　　　版／2021年12月23日
定　　　價／380元

城邦讀書花園
www.cite.com.tw

Die erstaunliche Wirkung von Magnesium, 11e By Ana Maria Lajusticia Bergasa
Copyright (C) 1990 by Ennsthaler Verlag, Steyr, Austria
All rights reserved.
Chinese Complex translation copyright (C) H2O Books, a division of Cite Publishing Ltd
Published by arrangement with Ennsthaler Gesellschaft m.b.H. & Co KG, through LEE's Literary Agency

ISBN　978-626-95292-9-2
有著作權·翻印必究（缺頁或破損請寄回更換）